マグロの文化誌

田辺 悟 著

慶友社

目　次

Ⅱ　マグロ漁の歴史と民俗

プロローグ

古い話で恐縮だが、筆者が就職して最初に赴任した職場は、神奈川県の三浦市立三崎中学校で昭和三十六年のことであった。およそ半世紀も前になる。その頃の三浦三崎は、遠洋マグロ漁業の全盛ともいえる時代で、三崎を出港する多くのマグロ船は世界の海で操業しており、太平洋はもとより、大西洋、インド洋、地中海など、文字通り、七つの海での活躍であった。

そのため、魚市場のある岸壁には、ところせましと白亜の船体にオレンジ色（橙色）の一本の鉢巻をした遠洋マグロ漁船が並び、水揚げの順番を待っていたほどで、毎日のように入港する船もあれば、出港する船も多かった。さらに、港に入りきれないマグロ船は、沖にも碇泊しており、検疫官の乗る検疫船の来るのを待ったり、検疫を受けた船は入港の指図をうけなければならない賑わいをみせていた。

後に、三浦市の枢要な職である市長を歴任された畏友の野上義一氏は、出港するマグロ船の「航海の安全と大漁満足」を祈念して船を見送り、「岸壁の市長」という異名をとったほどで、見送ったマグロ船の数は五〇〇艘を越えたほどの賑わいをみせた岸壁であった。

毎日のように、マグロ船のスピーカーからボリュームたっぷりのマーチが流れ、雄々しいリズムが海風にのって、高台の城山《しろやま》に建つ、中学校の校庭まで聴えてくる盛況ぶりであった。

筆者は、そのような時代の三浦三崎の学校に社会科の教師として、運良く、就職することができたのであった。そして赴任後、一カ月もたたないというのに、副担任として修学旅行の生徒を引率し、京都・奈良方面へ出かけることになったのである。関東生まれの筆者は、学生時代に山登りや、調査・研究のために日本中の海浜地帯や海村は歩いていたが、関西方面の京都・奈良は学生時代の修学旅行以来、二度目であったため、内心はとても嬉しく楽しみでもあった。

早速もらった給料で、当時はまだ高級な持物であったカメラを購入し、修学旅行の準備をしたのである。新幹線のない時代で、列車に乗りつけない生徒のために、教室の椅子を校庭へ運びだして並べ、車輌に見立てて、修学旅行専用列車に乗降するための訓練をするという世相であったのだ。わが国には、生まれてからこの方、汽車に乗ったことのないお年寄りや、海を見たことがない人々が多かった頃なのである。

修学旅行の準備にいそがしい、ある日のこと、先輩教員の一人から、「修学旅行中、奈良の若草山に近い場所で昼食をつかうことになっている。その後、若干の自由時間があるので、生徒が山に登っているあいだに、近くにある〈三條小鍛冶宗近〉という刀鍛冶の伝統を誇る刃物店で上等な刺身包丁を土産に買ってくるといい」というアドバイスを受けた。

はじめは、刺身包丁を購入する目的も意味合いも、はっきりしなかったのだが、よく聴いてみると、「三崎はマグロの水揚高が日本一を誇っている〈マグロの街〉であるから、生徒の父兄の中にはマグロ船に乗り組んでいる親や親戚も多いので、船が帰ってくると必ずといってよいほどマグロの大きなドテ（ブロック・コロ）を挨拶がわりの土産に、先生様にとどけてくれることが多い」という。その時、名門の刀鍛冶がつくった立派な刺身包丁をもっていれば、マグロの大きなドテをさばくのに便利である。この機会に、その時の用意をしておけというのであった。

有難いアドバイスを受けた筆者は、安月給の新前教師に不相応な、刃の全長四〇センチに近い刺身包丁を自分の土産に持ち帰ったのであった。その包丁を自慢顔で家族に見せ、値段票をはがしていると、マグロを切る前に、自分の手を怪我してしまったほどの切れ味であった。すでに半世紀も経過しているのに、その刺身包丁は今だ健在である。

その後、三崎は「水爆マグロ」の影響などを経て、しだいにマグロ漁業に翳がでてしまい、土産の刺身包丁の出る幕も減り、すっかり錆ついてしまった。しかし、今でもわが家のホーム・ミュゼアムに入ることなく、出番はまったくないが現役ではある。というのも、近年の刺身は、スーパー・マーケットなど、どの店でも刺身におろした「パック売り」が多くなり、ドテ（コロ）でマグロをはじめとする魚を売っている店が減少したことによるためでもある。

今日では子供たちだけでなく、大人たちも切り身になっている魚種の顔つきを知らない。次の世代には、サシミという魚が海に泳いでいるのだと思う人がでるのではないか、と思うと恐しくなるほど世の中は変わった。

そうした次世代の人々のために、マグロにかかわる若干の資料や、マグロを美味しく、楽しむためにも「マグロの文化誌」を以下にまとめてみたい。

Ⅰ　マグロの食文化入門

一　マグロと食文化

マグロは魚類の中で最もよく知られた種類であり、体が大型で、肉味が優れており、刺身（生食）やスシ（鮨・寿司）によし、照焼、煮物、缶詰加工、そして節（フシ）加工など、わが国民の食生活の中で好まれてきたため、経済的価値がきわめて高い。したがって水産上、もっとも重要な資源のひとつに数えられるし、実績もあり、高級魚の座をしめるに至っている。

しかし、古い時代から高級魚とされてきたわけではなかった。

マグロ（クロマグロ。一般的な幼魚名メジ・メジカ）は秋から冬にかけて、関東地方では房総半島から相模湾沿岸に接近する習性をもっており、この季節のマグロは、脂がのって美味である。それ故、マグロは十一月から翌年四月頃までが旬で、冬の魚とされてきた。

嘉永二年の井伊家所蔵史料『相模灘海魚部』（村山長紀）にも「マグロ　夏ハ不佳冬味美也」とみえる。

江戸時代の初期に三浦浄心によってまとめられた『慶長見聞集』（一五九六年）には、「鮪《しび》」は「死日に通ずる」として不吉な魚だとか、「鮪《しび》の味は悪く、身分の低い人すらあまり食さない。侍衆にいたっては見向きもせぬ」という記載がある。

また、『江戸風俗志』（幸田成友）の中にも、「鮪などは甚だ下品にて、町人も表店住の者は食する事を恥ずる体也」とあって、下魚とされてきた。

ところが、江戸時代も中期以降になると、鮪《しび》（クロマグロ）は背色が黒いことから「真黒《マックロ》・マグロ」と呼ばれるようになり、以後、クロマグロだけでなく、マグロ類（メバチ・キハダ・ビンナガなど）を総称して「マグロ」という呼び名が一般的になったことから、「シビ」の名前はしだいになくなり、消費が増えはじめたのである。天保二年（一八三一）に武井周作がまとめた『魚鑑』には、「まぐろ」の項はあっても「しび」の項はなく、「しびと一類別種」としている。また、「まぐろ」の中に「きはだ・めばち・びんなが」を含めている。

関東地方（江戸周辺）で、「シビ」を「マグロ」と呼ぶようになったのは、江戸城下町の人口の増加にともない、食料品全般の需要が高まる中で、「うまいの・まずいの」ではなく、「高いの・安いの」という階層が増加した結果であるとみることができよう。

近年ではマグロを食材としての料理のメニューもふえ、マグロのステーキ・揚げ物（テンプラ）まで登場し、ますます需要の幅をひろげている。

二　「シビ」という方言・地名

江戸中期以後、しだいに「鮪・鮪」と呼ばれるようになった「マグロ」であるが、その後も方言として「シビ」という語彙は残った。現在でも、クロマグロを方言で「シビ」と呼ぶ地方は東北や北陸方面に多い。

かつては、江戸近辺でもマグロを「シビ」と呼んでいたことが地名として残っていることからもわかる。

『新編相模国風土記』には三浦郡の浦賀湊に近い「鴨居村」に、「小名　鮪ヶ浦　之比賀宇羅《しびがうら》多々羅《たたら》（浜の名前）の南に続り」とみえる。「鴨居」は筆者が居住している「東海荘」の海浜である。しかし、近年に至っては、「鮪ヶ浦」の地名を近隣の住民さえも知らない。

その他にも「シビ」の地名は、宮城県気仙沼市に近い唐桑《からくわ》半島のつけねに「鮪立《しびだち》」の集落がある。半島の先端（御崎《みさき》さん・神社）には漁神・海神・船神が祀られており、漁民の信仰が厚い。宮城県本吉《もとよし》郡唐桑町内にある「上鮪立」「鮪立」などは漁村である。かつて、このあたりの海に「シビ」の群れが押しよせて、湾内は「シビ」でうまったという。それ故、「鮪立湾《しびだちわん》」の名もある。

静岡県の伊豆半島、駿河湾側（西海岸）にも「鮪浦《しびうら》」という地名がある。この西海岸というのは、静岡県の旧加茂村の安良里《あらり》（現在の西伊豆町）の入江の奥まった場所で鮪浦《しびうら》というが、地元の人々は訛って「シブウラ」または「ジブウラ」と呼んでいる。

「シビ」という地名の中でも「鮪《しび》ノ岬」と呼ばれる岬が北海道の檜山支庁乙部町にある。わが国では「鮪《しび》」のつく唯一の岬だ。

この地名が北海道にあるのにアイヌ語ではないところをみると、近くの江差あたりにニシン漁のために人口が集中し、その後につけられた地名なのであろう。

また、マグロ類のうちでも、クロマグロ以外の種類を「シビ」と呼ぶ地方もある。関西、高知、沖縄などではキハダマグロのことをいい、同じ沖縄でもメバチマグロを「シビ」いうこともある。さらにビンナガのことを沖縄や長崎県の壱岐地方でそう呼ぶなど、マグロの種類の別称に使われているばあいも多い。

「シビ」の方言・異名などに関しては、「Ⅲ　マグロの博物館」中の「マグロの和名・英名など」を参照されたい。

きが指摘される。

三　江戸前の鮨《すし》とマグロ

江戸時代になり、マグロの消費量が増大した理由としては、一般的に、醤油の普及との結びつきが指摘される。

すなわち、文化・文政（一八〇四～一八二九年）時代に、現在の千葉県の野田や銚子でつくられる醤油が、関西風の味とは異なる関東風の味として広まった。具体的にいうと、この時代に関東で販売されはじめた醤油は味が濃く、塩分の多いものが喜ばれたとされる。

もとより、野田の醤油づくりは、寛文元年（一六六一）に名主の高橋兵左衛門によってはじめられ、その後、明和三年（一七六六）、豪農の茂木七左衛門が味噌づくりから醤油づくりにのりかえたことで発展してきた。

冷蔵・冷凍の施設や技術がない時代に、塩分の多い醤油は、マグロをはじめとする赤身の魚の生臭さを消すのに役立ち、さらに魚身（肉）を塩分の多い醤油につけることにより、鮮魚を保存することができる利点があった。それは暮らしの中の知恵ともいえよう。

この時代に、「江戸前」の名がある「握り鮨」のもとになる魚介の切り身を、酢飯《すめし》にのせる新しいタイプの鮨を考案した男がいた。江戸の浅草蔵前で札差（蔵宿）の年季奉公をしていたと伝えられる華（花）屋與兵衛がその人である。

彼が創案した鮨は、それまでのように発酵させる鮨ではなく、マグロの赤身を関東風の醤油につけ、「づけ」と称して、酢飯の上にのせて握るものであった。醤油を使うことにより、魚の生食《せいしょく》を「鮨」として定着させ、また、つくるのも、食べるのも簡単であることが消費の増大に結びついたとされる。今日風にいえば、新しいタイプのファースト・フード店の誕生であった。

華屋與兵衛の「江戸前鮨」の店は、最初の頃は屋台であったらしい。文政五年（一八二二）頃に本所で開業したとも伝えられている。それ故、マグロを「づけ」（醤油づけ）にした鮨種がはじまりなので、この、「最初にありき」鮨ネタのマグロがなければ、江戸前の握り鮨とは言わないし、マグロの鮨ネタのない江戸前の握り鮨はないのである。

江戸城下町の庶民が一日の仕事を終え、立喰いの屋台で、「づけ」をほおばり、楽しみにしている芝居小屋にいそぐ夕暮れどきの姿や、あたりの様子が眼に浮かぶようだ。

このように、マグロの「づけ」を原点とする握り鮨をはじめとする、新鮮で多彩な魚介の鮨種（鮨ネタ）は、「江戸ッ子」好みのシャキットしたスピード感にあふれて握られ、あわせて屋台の鮨職人の威勢のよさや、その場の生きのいい雰囲気をとりこんで評判をよび、人気をよんで広まったのだろう。

鮨が握られ、目の前に出てきたら、すぐに口へ運ぶのが「通《つう》」の食べ方といわれるのも、気が短いといわれてきた江戸ッ子好みといえようか。

このように「いきおい」で食べる握り鮨であるから、鮨種（鮨ネタ）が多彩で新鮮であれば、その中のマグロの「づけ」が少々古くても問題はないのである。むしろ、マグロなどの大型魚類は、漁獲してから、ある程度の日数がたった方が味が良くなると言われるのだから…。

もとより「江戸前」とは、江戸城の前面の海をいい、南は羽田村から北は隅田川（口）をさかのぼる浅草近くまでのことで、海は江戸川の流れ出るあたりまでのことであった。

しかし、江戸に握り鮨がおこり、鮨種に生の刺身が多く使われるようになると、その供給をささえる「江戸前の海」も広がりをみせはじめる。江戸湾（東京湾）内の下総・上総・安房、武蔵・相模にも至るようになりはじめた。

なにしろ「握り鮨」の人気は、四季の新鮮な「走《はしり》もの」（初物）や「旬《しゅん》もの」の味のよさを楽しみながら、簡単に、気楽に、手でつまんで食べられることも人気をよび江戸の町に広がった。それ以前の鮨は、保存のための目的もあったので、発酵させた鮨が普通だが、ひと握りの酢飯《すめし》とともに握る「握り鮨」には魚介の切り身が似合い、その姿、色あい、形状からも食欲をそそわずにはおかないのである。

なお、「江戸前の握り鮨」の普及に関しては、文化七年（一八一〇）頃、尾張国知多郡半田村（現在の半田市あたり）の中野又左衛門がつくりだした「赤酢」を江戸へ運んで売りだしたことが大きく作用しているとされるむきもある。酢も「握り鮨」には欠かせない。

また、マグロの「づけ」は、天保年間（一八三〇～一八四三年）頃、江戸の馬喰町《ばくろちょう》の「恵比須鮓《えびすずし》」

がはじめ、人気がでて、広まったとも伝えられる。

江戸前の握り鮨のネタは、上述したマグロを筆頭に、タイ・アナゴ（ノレソレ）・イカ・ヒラメ・エビ・アカガイ・タイラガイ・ウニ・アジ・コハダ（シンコ）・アオヤギ・イワダコ・アワビ・スズキ・シャコ、と数えれば紙幅がいくらあってもたりない。

その中でも、生の刺身が多く用いられるようになったのは、氷でひやす冷蔵庫が使われはじめた明治三十年代になってからのことで、それまでの鮨種は、コハダを赤酢につけたものや、アナゴを茹《ゆ》で、さました後に金網の上で炙《あぶ》って焼き目をつけ、上に山葵《わさび》をのせて握った鮨などであったという。

現在、全国でおよそ三万軒はあるといわれる鮨屋も、日本人ばかりでなく、諸外国の人々にもヘルシー・メニューのファスト・フードとして、ますます人気が出はじめ、鮨種の種類もマグロ以外に国際的である。

今日では世界中の都市に「鮨屋」が店を出しているといっても過言ではない。山岳国スイスの標高一六〇〇メートルといわれる世界的アルペン・リゾート地のツェルマットにもある。だが、さすがに「マグロの握り」はなく、「サーモンの握り」だった。

アメリカ西海岸のロサンゼルスやサンフランシスコの「鮨屋」は酢のきいていない「めし」（シャリ）に、なんでものせてある。

四　大間の豪快なマグロ一本釣

筆者の著作に『日本の岬』がある。一九六六年（昭和四十一）の刊行を記念して、全国の六十六岬を選んだ紀行文だ。その中に、今では知らない人がいないほど有名になった青森県大間崎の一編がある。いまから四十五年程も前の話しだから、当時は大間の豪快なマグロの一本釣を知っている人はほとんどいなかった。以下は、当時の大間崎（本州最北端の岬）についての抜粋である。

一人旅は、つねに気楽さと緊張感に満たされているので楽しい。

井上靖の『海峡』という小説にみる冬の下北半島は、いかにも厳しいが、夏は明るい。野辺地からディーゼルカーで終点の大畑まで二時間。駅前を出たバスが大畑川の橋をわたると海岸にそった道をたどる。

荒涼とした海岸にばらまかれたように点在する漁家のわびしいたたずまいが気になる。

バスの停留所について、ふり返ると大間崎灯台の顔から上がみえる。停留所といっても標識があるわけでもなく、ただ慣習的にバスが止まる場所ということになっているらしい。

それに、ここの灯台は、高台にあるというのではなく、津軽海峡にへばりついた岩礁の上に立っている。この島を土地の人たちは弁天島とよび、そのあいだをクドキ瀬戸というのは面白い。背景に見える北海道の山々は紫色にけむっているが、左側の竜飛崎《たっぴざき》よりも近く見える。正面に見えるのは立待岬。その左が函館山。白と黒の灯台。それよりもちょっと高い電信塔。湿原地帯に放牧された数頭の馬の親子。

みるものはみな牧歌的で本州の最北端と感じられない情景である。しかし、津軽海峡はガス（濃霧）の深い日が多いと聞いた。

大間崎は昔から本州と完全に孤立したかたちをとり、青森からも完全に独立し、函館の恩恵にささえられて発展した町である。

地理的にも函館に近く、小さな船でも二時間あれば完全につけるという。それ故、函館の商人たちは、人口約八千人の大間町を商業圏に含めているし、大間の人たちにとっても函館を切り離した経済活動は考えられない。

大間崎の漁民は津軽海峡を漁場として、「マグロの一本釣」という、わが国でもめずらしい漁業をおこなう。これは雄強《ゆうきょう》な漁法である。

朝早く、港を出た数トンたらずの漁船には、多くて二人、ほとんどが一人で流れのはやい海峡にのりだす。

沖に出ると用意した釣具に、餌のサンマ、イカなどを付けて流し、長年のカンで身につけた漁

観光客に人気の大間のマグロ一本釣モニュメント（森田常夫氏提供）

場をはしりまわる。風向、潮流、海水温など、あらゆる条件を考慮して、みえない獲物にめぐりあうためには、子供の時から身につけたするどい勘《かん》にたよることだけがすべてである。

だから五時間も八時間も、いや一〇時間ものあいだ緊張と期待のはりつめ、みなぎった、小さな船の中での時間との戦いでもある故、想像した獲物にめぐりあった時の喜びは大きい。

大きなクロマグロは一本、二万円・三万円もするのだから、大間の漁民でマグロの一本釣をやらぬものはいない。ちなみに、筆者が教師をしての一カ月の給与は一万数千円でしかない。

しかし、マグロは毎日釣れるとはかぎらない。時には三日も、あるいは一週間も海上をさまよい、その報酬に大きな落胆と疲労だけをもって帰ってくる人も少なくない。

アーネスト・ヘミングウェイの小説『老人と海』の物語を地でいくような実話が、この漁業の町大間には多いといわれても、不思議ではない。

大間の漁民はとにかく「賭《か》けている」のである。今日も、はかりしれない希望と不安をいだきながら海に出ていく。だが決して心のうちは誰にもあかさない。そして、そのような生活の中から、しぜんと不安定な社会的性格が形成されても、なんの不自然さもないように思われる。

過去に、マグロとのすばらしい武勇伝があればあるほど、未来に賭ける期待も大きい。しかしその多くは、むざんにも裏ぎられてしまうというのが現実である。

お地蔵様が祀られている台地に登ると、大間崎の湿原地帯が一望に見わたせる。その左側に大きなタラバガニがツメをひろげたような防波堤に守られた漁港がある。昼過ぎなので、みんな出漁中なのだろう。港内はガランとして殺風景だ。

その先には集落（町）も見えるし、りっぱな建物も首をだしている。

大間崎にくるまでは下北半島について、尻屋崎《しりやざき》の知識しかもたなかったので、それはおどろきであった。大間崎に八千人もの人々が暮らしているなどということは、まったく知らなかった。

バスは大間崎が終点で、この先は佐井、磯谷、仏ヶ浦という海岸美のすぐれた秘境の中である。この秘境にたどりつくためには海路をたどるか、原生林をふみわけるしかない。その船も、冬期は保証のかぎりではないという。

名物のタラも姿を消し、今あるのは何十年も前から波に洗われつづけた約八〇メートルもの高さがある奇岩の群と東風（ヤマセ）だけだと土地の人はいう。

海にせまった密集した集落のあき地には、いたるところにイカの乾燥場が建てられ無数に張りめぐらした干し綱のあいだを、いそがしそうに女性たちが働いていた。

母親が働いているあいだ、道路で遊んでいた子供たちに話しかけると、はじめは、はずかしそうに、めずらしそうにしていた。

「大間崎まで来たのだから、今夜はホンマグロの刺身で一盃…」といきたいところだが、なにしろ貧乏旅行ゆえ、先をいそがねばならないのはつらい。

先ほどから遊んでいた子供たちも、やっとうちとけて話しだしたと思うころ、バスがきた。

現地で食べそこなった大間のマグロを思い、後髪をひかれるような気分で帰る途中、バスの車窓からみるウソリ（アイヌ語で、入りくんだ湾とよばれる地）の、どこの集落も、乾燥しきったように色あせ、イカだけが豊漁なのか、豊に銀色に輝き、美しく見えた。

蛇浦、易国間の集落を通り、下風呂温泉の前でバスが停車すると、道路の海側に面した玄関に

「海峡の宿」とするした、このあたりでは大きな旅館が目についた。渡り鳥の「アカエリヒレアシシギ」が、北海道の恵山岬や襟裳岬に向かって海峡を渡るのもこのあたりだなと思って海に目をやると、海鳥の乱舞する様がみえた。

後日談だが、拙著『日本の岬』の出版記念会が城ヶ島でおこなわれた際、のちに三浦市長になった野上義一氏が席上のスピーチで、「著書の作品の中には、どの岬のことを拝読しても〈食や味〉のことが書かれていない。きっと貧乏旅行で〈味の旅〉はできなかったのだろう…」と話され、大笑いとなったことが想い出される。

「大間のマグロ」で、もう一つ大笑いになったことがある。

故平山郁夫画伯が「伝統文化活性化国民協会」の会長・理事長をつとめていた平成十五年の秋、「海が運び、育てた伝統文化」というテーマのシンポジウムを有楽町朝日ホールで開催したことがあった。その席上で司会の小島美子さんが、パネリストに「なぜ、海の文化に関心をもつようになったのですか…」と。そこで、筆者は「鮨屋で時価とかかれているアワビを食べたいから海女さんの研究をはじめた…」と答えると、横にいた秋道智彌さん（総合地球環境学研究所授授）が「私は大学院生の時、大間に出かければ、おいしいマグロが食べられるだろうと思い、海に生きる人たちの研究をはじめた…」と。

五　マグロの戸籍調べ
――マグロの身上書――

　これからも、マグロを美味に賞味させていただくにあたり、まず、マグロ類に敬意をはらい、その一族の系譜というか「マグロの戸籍簿」を明らかにしておくことが大切だと思う。今日風にいえば「マグロの住民票登録」についての「個人（魚）情報」を収集しておくことが、マグロとお付き合いいいただくためにも必要であろう。といっても、われわれは、ただ、ただ、マグロを賞味するだけなのだが……。

　三浦市在住の石原正宣氏や仲間は、筆者が、「三崎でマグロ料理を楽しもう……」などというと「この前のビントロ（ビンチョウのトロ）は美味だった……」などという。そんな時、筆者は「ビンチョウ（ビンナガともいう）」と聞けば、ハハーン、「胸ビレの長い、あのマグロだな……」とその外見ぐらいの知識はあっても、それ以上のことはわからない。最近は、この「ビンチョウ」の脂ののった腹の部分を「ビントロ」と呼び、刺身の食材として、けっこう人気があるという程度である。

　しかし、それ以上のことを、もう少し知っておいた方がよさそうに思えるので、以下、読者諸氏と共に、マグロに関する学習をしていきたい。まず、その一族の系譜からだが、どんな種類があるのかみていこう。（以下、『マグロ―その生産から消費まで―』による）

マグロ類は、クロマグロ、メバチ、キハダ、ビンナガ、ミナミマグロ、タイセイヨウマグロ、コシナガの七種類がそれである。

やや古いデータだが、国連食料農業機関（ＦＡＯ）の一九七六年（昭和五十一）による統計だと、世界のマグロの漁獲量は約一〇〇万トンで、日本はそのうち約三〇万トンを水獲げしている。この漁獲量は最近ほぼ横ばいの状態にあるという。

日本の漁獲量の三〇万トンのうち、約八〇パーセントは中部太平洋、インド洋、大西洋などの遠洋漁業による水揚げで、そのほとんどは、クロマグロ、メバチ、キハダ、ビンナガの四種で、他の三種の漁獲量は比較的少ない。（中略）

マグロ類は分類学的にはサバの仲間（スズキ目、サバ亜目、サバ科）であるため大型サバ型魚類と呼ばれる。この類には代表的な多くの回遊魚《（ママ）》がふくまれる。動作はきわめて敏しょうで遊泳力が大きく、産卵、索餌《さくじ》または越冬のために適水温帯を求めて、、熱帯域から温帯域へ、外洋部から沿岸部へと広範囲に移動する。（中略）

一方、カジキの仲間は、従来マグロ類と同様サバ亜目に含まれていたこと、延縄などでマグロ類と混獲されることなどから、大型サバ型魚類としてマグロ類同様に取り扱われる場合もある。

しかし、最近の分類では、カジキ類はマグロ類をまったく別のカジキ亜目の魚として取り扱われている。マグロ類がサバ科に属するのに対して、カジキ類はマカジキ科とメカジキ科の二科に大別され、マカジキ科は、マカジキ、クロマカジキ、シロマカジキ、バショウカジキ、フウライカジキの五種類が、メカジキ科はメカジキ一種が知られている。

マグロ類とカジキ類の分類についてみると、

マグロ類――スズキ目・サバ亜目・サバ科・マグロ亜科

カジキ類――スズキ目・サバ亜目・マカジキ科、メカジキ科

とわかれ、マグロとカジキは「サバ亜目」のところで一致していることになる。

こうした魚類学会での分類学上の発表ともなると、「属について」とか、「種について」でその分類を「認める」「認めない」などと研究者の立場によって意見が異なることも当然おこりうる。しかし、本書は文化誌（史）を内容とするのが目的であるから、上述の分類などに関してのご意見は取りあえず無用とさせていただく。

かつて、わが国には、太平洋にかかわることを総合的に調査・研究するための学術的「機関」として「太平洋学会」というお洒落な学会があった。学会誌や「太平洋双書」・「事典」を刊行するが、他方で、「太平洋のマグロを食べる」企画なども実施された。

四半世紀も前になるが、一九八三年（昭和五十八）の十月一日に、当時の東京水産大学の鈴木裕教授が講師をつとめ、三浦三崎でマグロを賞味する会を開催したことがあった。その日に、鈴木

会員が、「刺身によし、すしによし、照焼、煮物、缶詰、そして節《ふし》にもなるマグロ。きょうは十分堪能していただきたい。だが、マグロを食べる前に、ちょっと、お時間を拝借いたします……」と言って、マグロに関する講義資料を配布していただいたことがあり、筆者の手もとにそのプリントが残っている。その中から以下に、いくつかを引用させていただくことにする。

1　クロマグロ

クロマグロは別名を「ホンマグロ」と呼ばれるように、「マグロ」といえばこの種類ということになる。その分布域は、日本近海はもとより、太平洋、大西洋（北西大西洋・東大西洋）、地中海など、かなり広範囲にわたる。分布域の中心は主に北半球で、太平洋では北緯二〇度から、北緯四〇度あたりまで。大西洋や地中海では北緯三〇度から、北緯四五度ないし北緯五〇度あたりまで、温帯から熱帯にかけて生息しているものが多い。

後述するミナミマグロがほとんど南半球に生息するのに対して、クロマグロは、ほとんどが北半球に生息する。近年、一般によく知られるようになった津軽海峡で漁獲される「大間のマグロ」はこの種類である。

クロマグロの特徴は、「胸鰭《むなびれ》が短い」ことだという。また、黒色で大きくなるのも特徴で、普通の大きさでも体長二・五メートル、体重三〇〇キロはあり、最も大きなものになると体長四メー

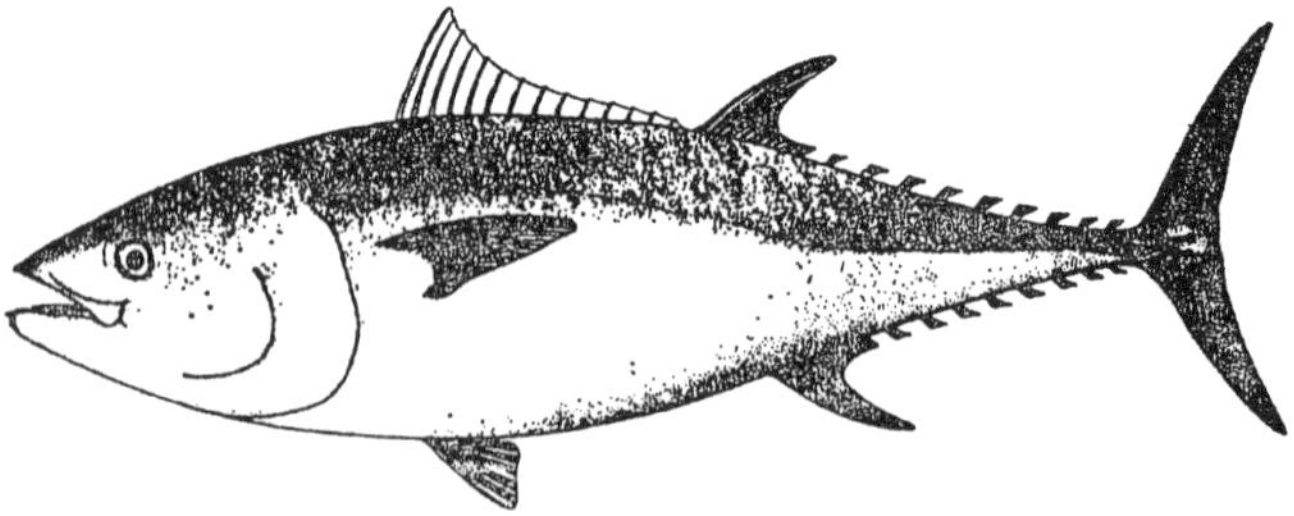

クロマグロ（岩井等；「マグロ類の分類学的研究」1965より。以下37p. まで同書）

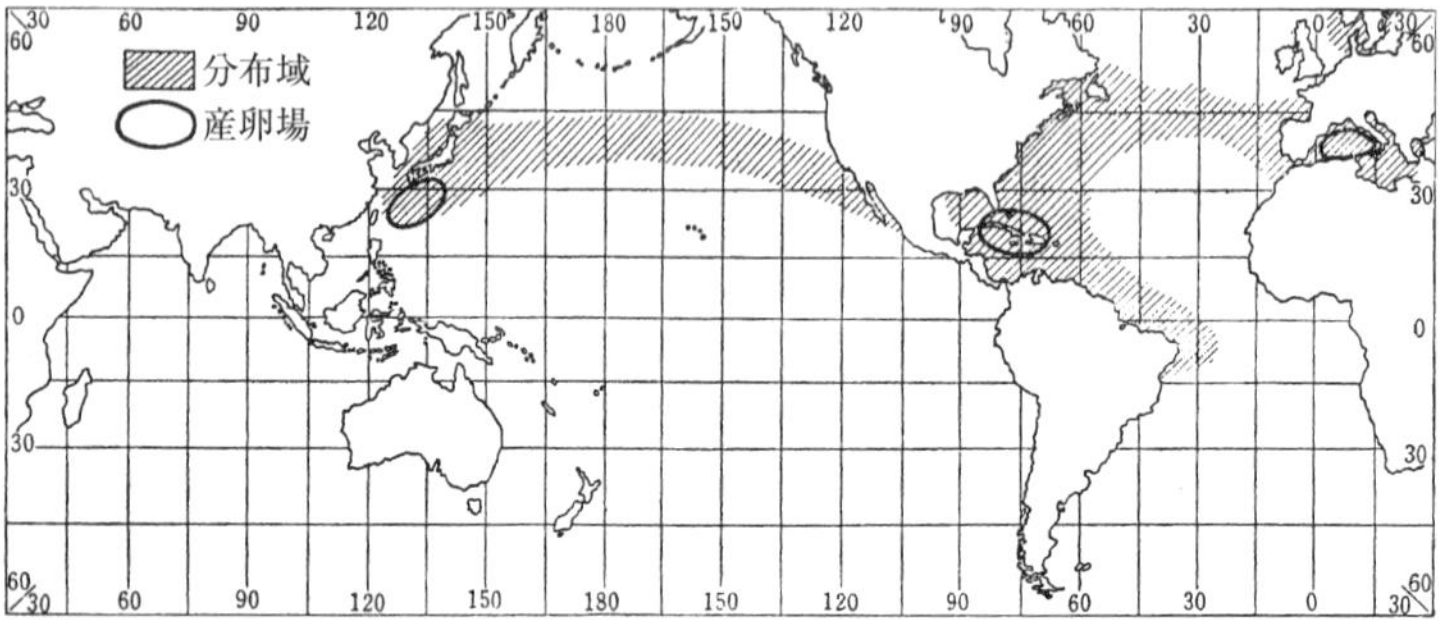

クロマグロの分布域と産卵場（同上．以下同）

トル、体重も五〇〇キロになるとされる。

マグロ類では最高値である。中トロ、大トロがとれる。味は濃く美味で、マグロの刺身としては最高級である。

2　メバチ

名前のとおり、「眼が大きくパッチリしている」。

分布域は熱帯から温帯にかけて、世界中に分布するが、なぜか地中海には生息していない。比較的高水温の海域に多いとされる。北半球では北緯五〇度、南半球では南緯四五度あたりま

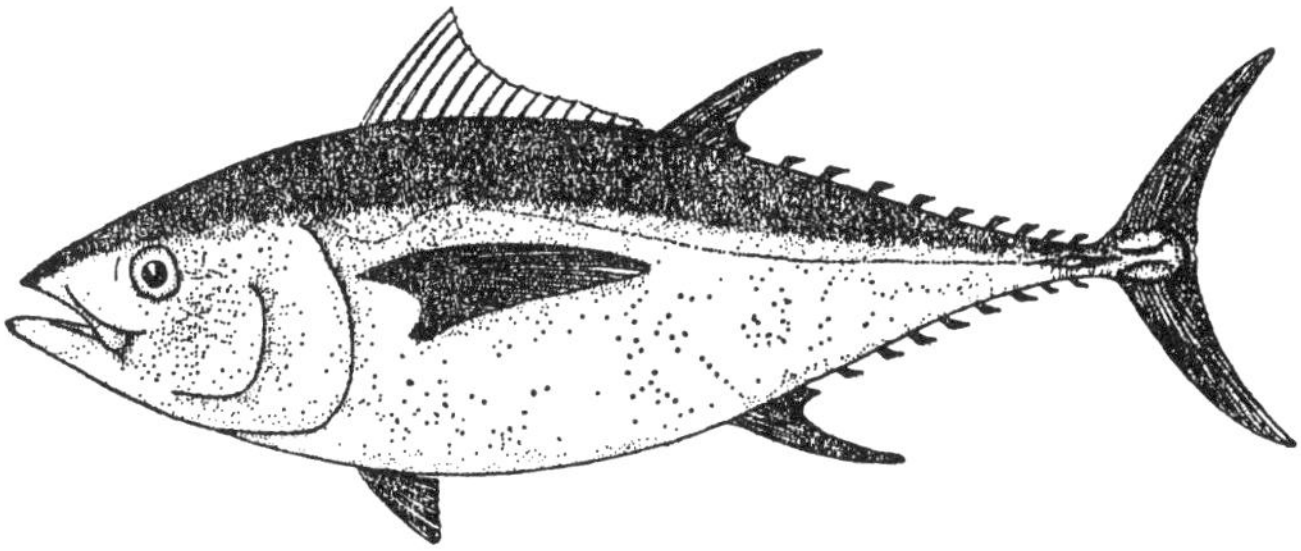

メバチ

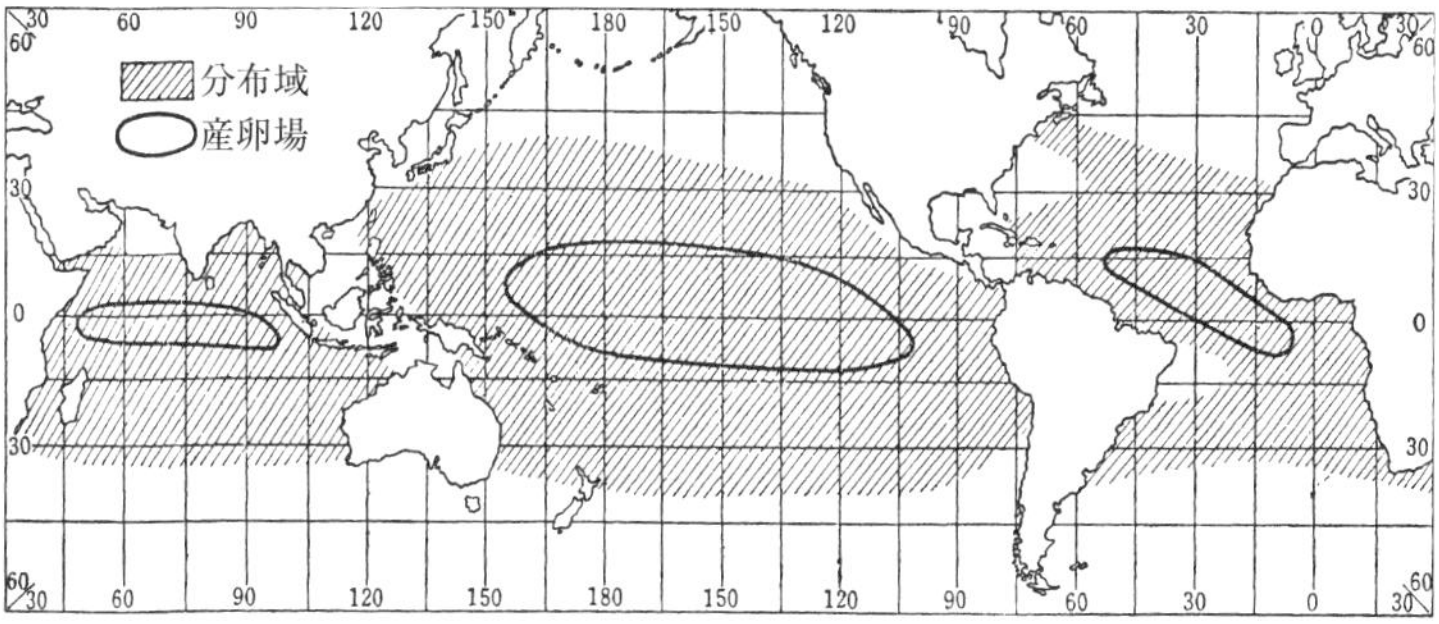

メバチの分布域と産卵場

でが分布範囲。

体長は二メートルにもなるが普通は一メートルどまり。体重も五〇キロから六〇キロのものが多い。

肉は濃い赤色で美味。クロマグロ、ミナミマグロに次ぐものとして刺身に用いられる。一般の鮨（寿司）店や鮮魚店にもかなりでまわっている。

3　キハダ

名前のとおり、鰭《ひれ》などはけっこう黄色い。黄色味を帯びているところからつけられたネーミングだ。

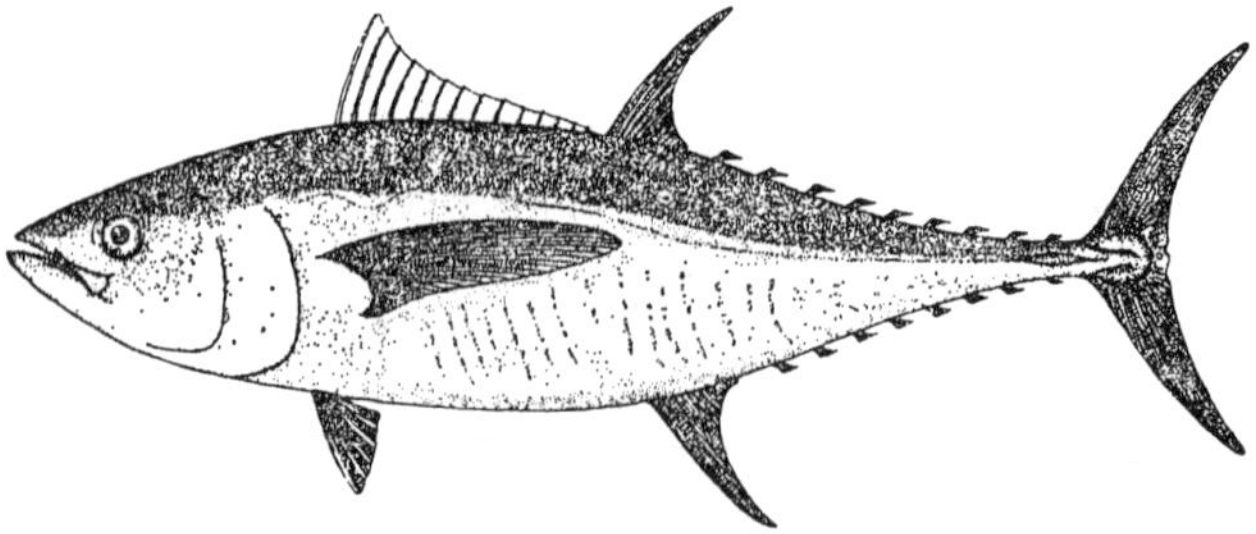

キ　ハ　ダ

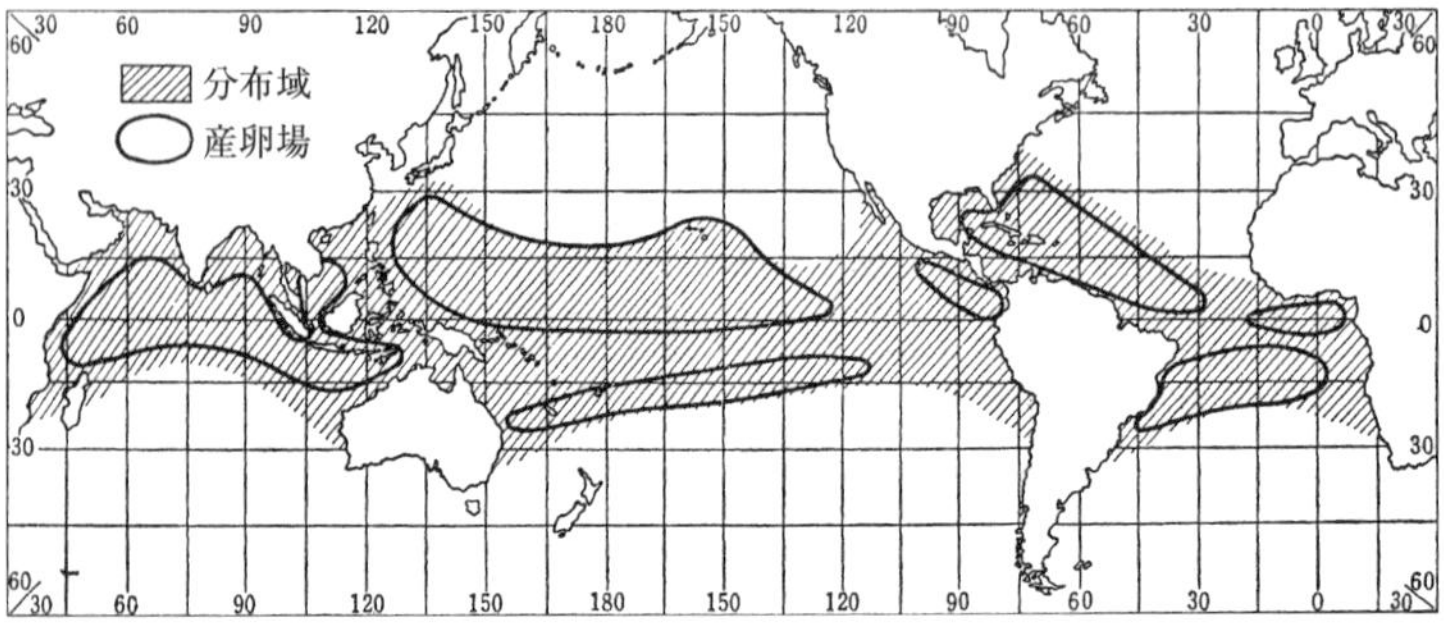

キハダの分布域と産卵場

分布域の特徴は、日本の太平洋側には、どっさりいるのに日本海側にはいない。また、地中海にもいないなどの特徴的な分布を示すのが興味深い。世界中の熱帯から温帯にかけて広く分布する。夏の季節には赤道をはさんで南緯、北緯ともに四〇度くらいまで、冬の季節には三〇度ぐらいまでに分布するという。

体長は大きいものでも一メートル二〇センチどまり。体重は三〇キロから四〇キロが一般的である。メバチより低価格で、肉色は鮮やかな紅色で味は淡白。脂肪分の少ない赤身の刺身として一般家庭で用いられることが

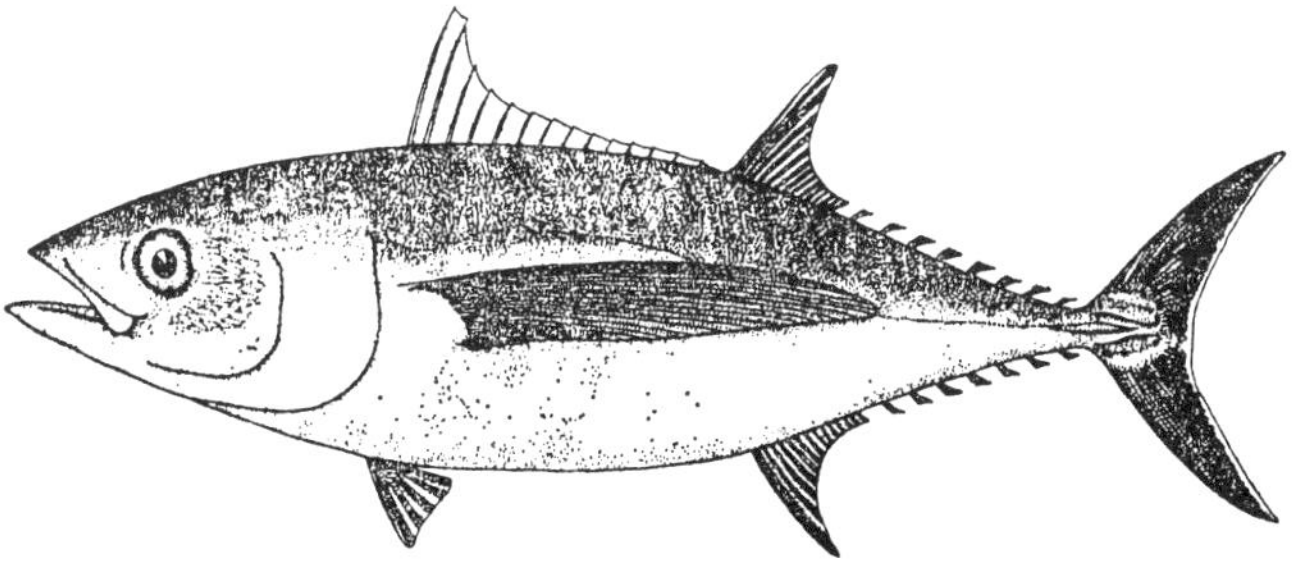

ビンナガ

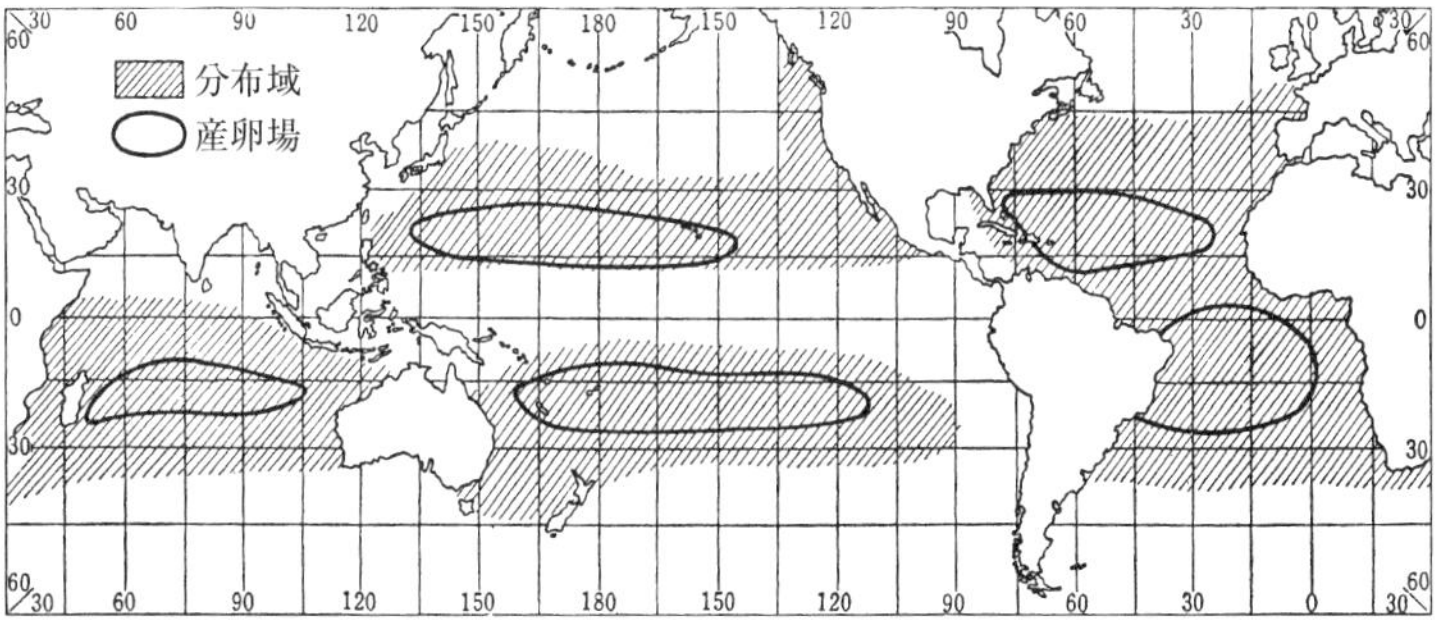

ビンナガの分布域と産卵場

多い。ライト・ミート・ツナとして冷凍または缶詰、魚肉ソーセージとして輸出される。

4　ビンナガ

「長い胸鰭《むなびれ》」が特徴。胸鰭を鬢髪《びんぱつ》（頭から顔にかけての左右側面の髪の毛）にみたてたお洒落なマグロである。

分布域は世界の熱帯から温帯に分布している。地中海にも分布しているが、なぜか日本海にはほとんど見られないという特徴をもつ不思議なマグロである。

太平洋では北緯五〇度から、南緯四五度の広い範囲に分布するが、太平洋や大西洋の赤道付近では、ほとんど漁獲されない。

体長は一メートル以内。体重はマグロ類の中でやや小さい一五キロ前後が多い。肉色は淡い乳白色で、味は最も淡白である。肉は柔《やわ》らかく身くずれがしやすいので刺身には不向きである。ほとんど輸出用缶詰の原料となる。一部はマグロステーキ、照焼きとして消費されるので、マグロの切り身として鮮魚店、量販店で販売される。油漬けの缶詰は「ツナ缶」などとよばれ人気があるほか、近年、ビンナガの脂ののった部分は「ビントロ」と称し、刺身として人気もある。

5　ミナミマグロ

すべてがクロマグロに似ており、上等な肉質をもち、人気も高い。クロマグロの項でも述べたが、クロマグロがほとんど北半球に生息するのに対して、名前のとおり、ミナミマグロは南半球にしか生息していない。

その分布域もかなり高緯度で、南緯三〇度から、南緯五〇度あたりより高緯度に分布域をひろげている。

南半球に位置するオーストラリアは、このマグロ類を漁獲するのに恵まれた地理的条件にあり漁獲したミナミマグロはほとんど日本へ輸出している。近年は冷凍施設やその技術が向上し、新鮮な肉質をたもてるので刺身としての食材として人気がある。あわせて、近年はオーストラリア

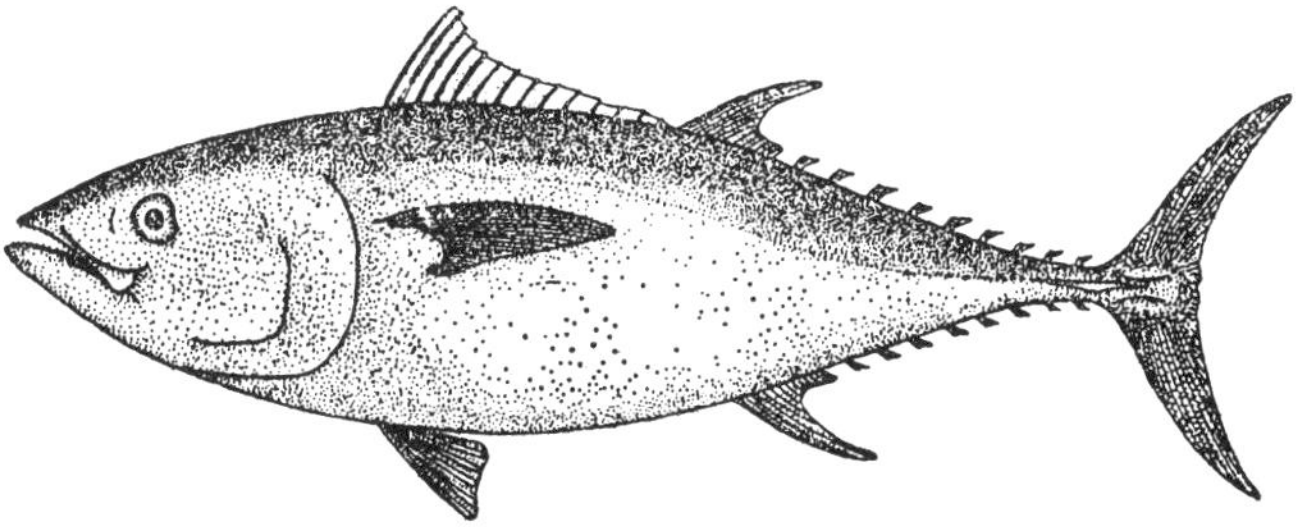

ミナミマグロ

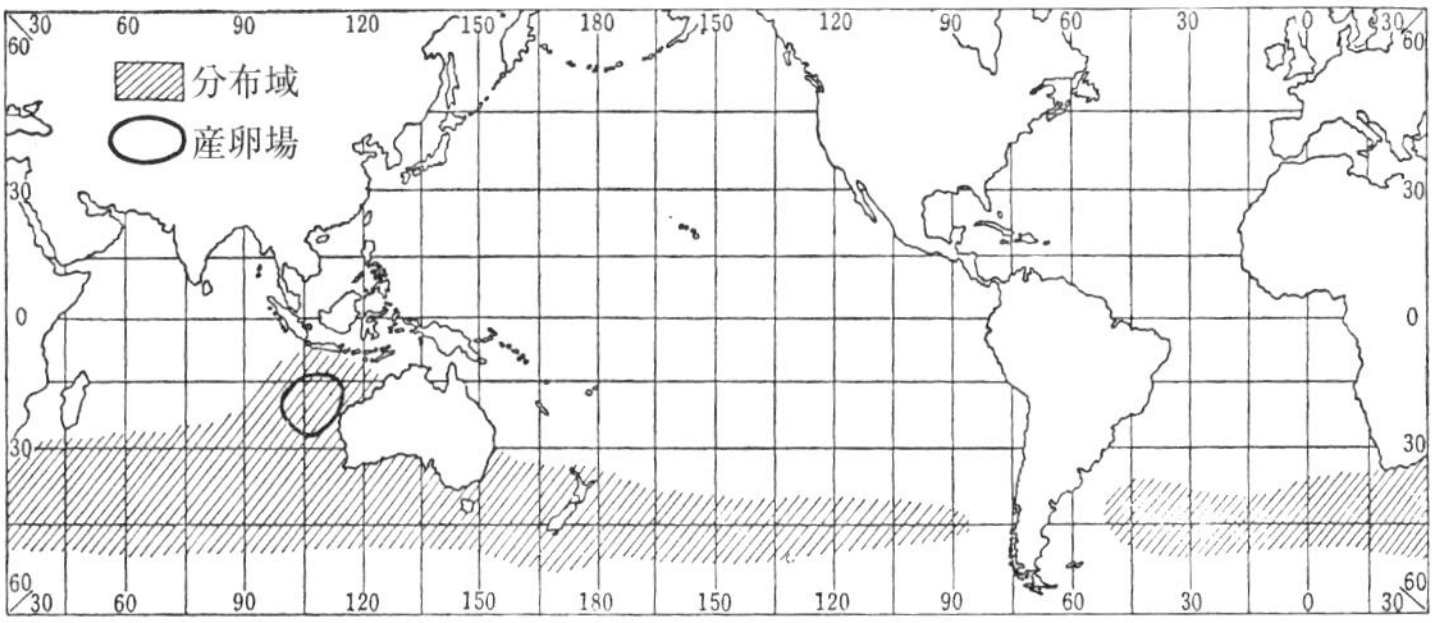

ミナミマグロの分布域と産卵場

で養殖・蓄養をさかんにおこない輸出している。

ミナミマグロは南半球のインド洋にも生息しているので、「インドマグロ」の名もある。

6　タイセイヨウマグロ

名前のとおり、大西洋の赤道をはさんで北緯四〇度、南緯四〇度近くまで、大西洋だけを分布域としている。

小型のマグロ類で、大きなものでも体長一メートル、体重は二〇キロ前後が多い。

漁獲量がそれほど多くないのと、メキシコ湾周辺が主漁場で

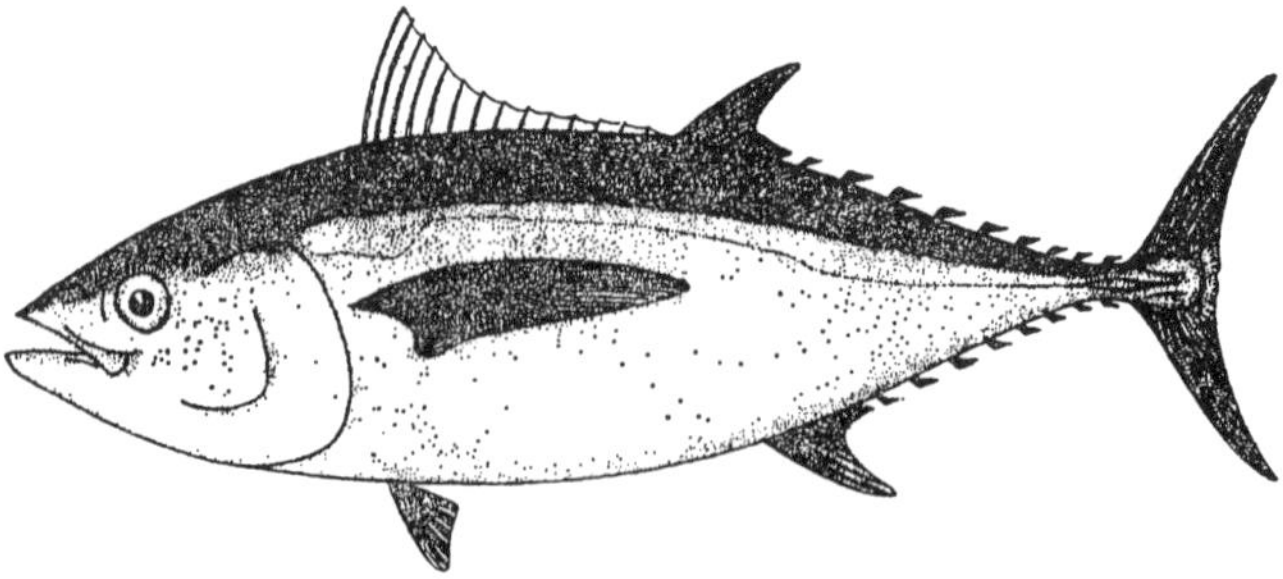

タイセイヨウマグロ

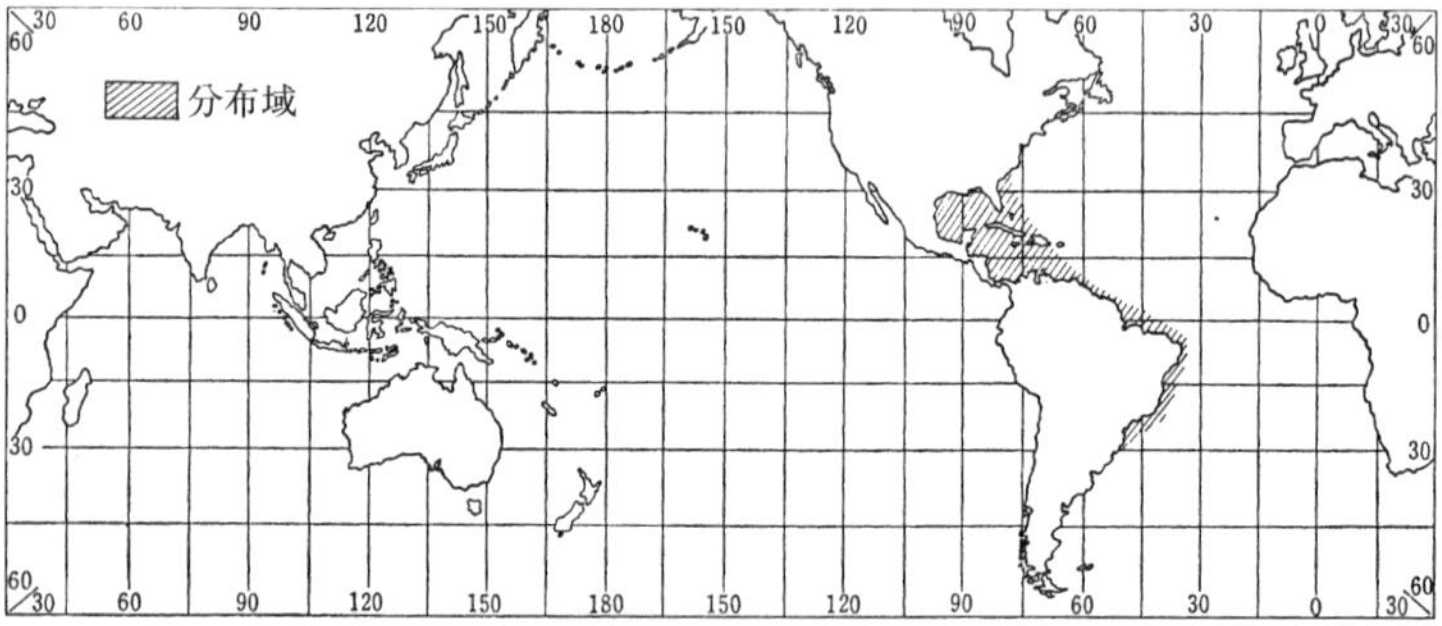

タイセイヨウマグロの分布域

あるため、南北アメリカで消費されてしまうことが多い。刺身ではなく缶詰として製品化されるのがほとんど。

7　コシナガ

「コシナガ」の名前は、魚類学の専門家にいわせると、尾の部分のシリビレの前にある肛門より後ろ、からだの後半の部分が長いので、その名前がついたのだと説明されるのだが、素人にはさっぱりわからない。

マグロ類の中では最も小型で、体長は一メートルに満た

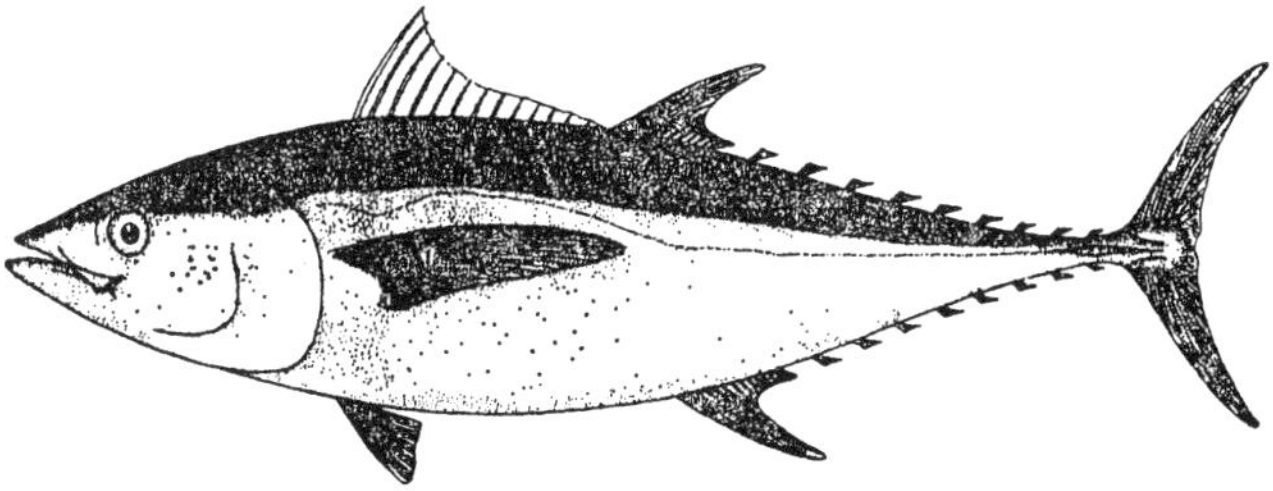

コシナガ

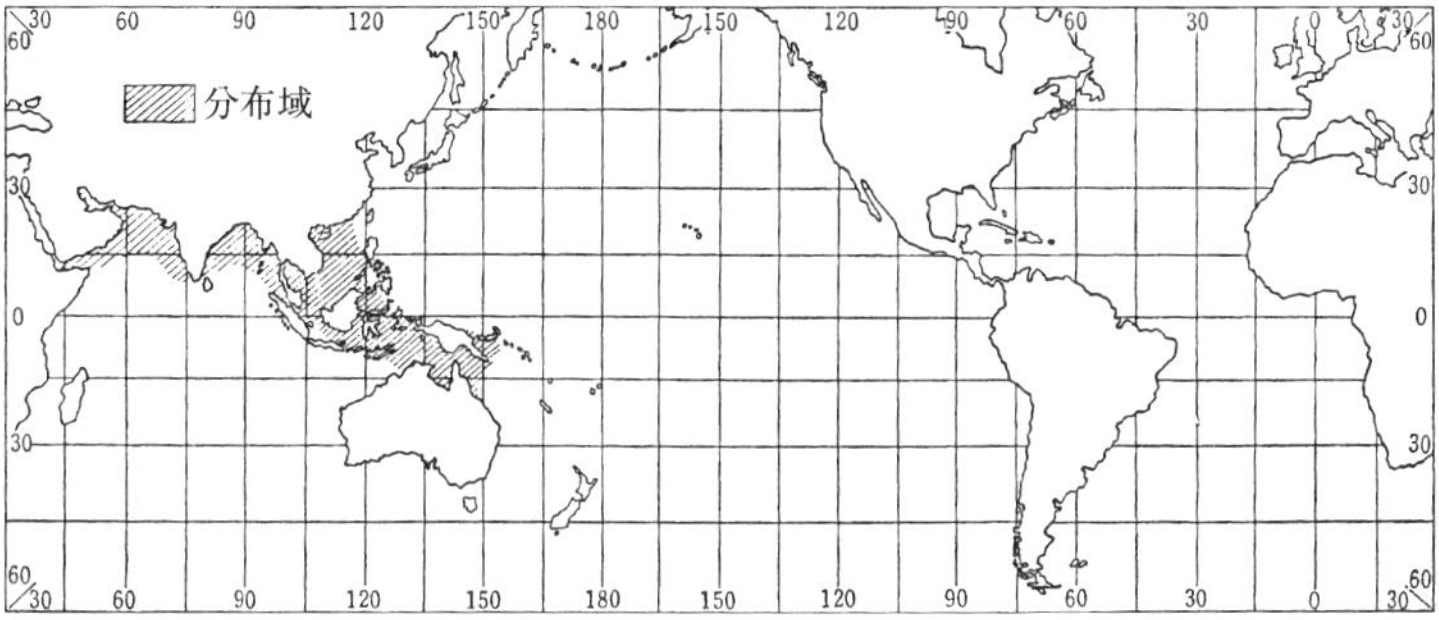

コシナガの分布域

ないものが多い。重量もせいぜい三〇キロ程度だという。

　主な分布域はオーストラリアの北部から赤道をこえてインドネシア、インド洋あたり。日本近海でも沖縄県方面には分布しているといわれる。

　マグロ類の移動は一般に広範囲におよぶといわれる中で、大陸棚に分布する沿岸性のマグロ。大陸棚から離れることがないとされる。

　肉質がぱさついているマグロ類なので、刺身やスシダネにはむかず、生食には無理がある。フライやソテー、缶詰加工として需要が多いという。

六　マグロの産卵

話者の寺本正勝さんは、和歌山県の串本町に住む「マグロ・ハエナワ漁」の超ベテラン。かつて寺本さんは一九トンの新造船で沖縄の中城湾付近で操業したことがあった。このあたりの海域は在日米軍の演習区域になっているため、制限水域ぎりぎりの漁場でハエナワ漁業はおこなわれていた。記憶はさだかでないが初夏の頃だった。

クロマグロの雌と思われる一匹に、三匹ないし四匹の雄と思われるマグロがヒレを立てて追いかけるように洄游している。何百メートルもの大きな輪を描くような状況であったという。あとになって水産試験場の職員にこの実見したことを話すと、「それはマグロの産卵現場にちがいありません。」「めずらしい現場の様子を見ましたね…」といわれたという。

雌が産卵すると、その後を追いかける雄が卵子に精子をかけるために数匹が追う。そうしないと受精しないのだと聞いて納得したのだとか。五〇年もマグロ漁を続けてきたが、産卵の現場に立会うのは、これが最初で最後であったという。（151頁参照）

七　縄文の魚食文化と弥生の米食文化

ひとくちに「スシ」（鮨・寿司）といっても、その種類は多い。「握りズシ」もあれば、「巻きズシ」、「押しズシ」もある。その数多いスシの種類の中でも「江戸前のスシ」とよばれるものほど日本人的な食べ物はないと思う。

日本人の食生活の中で伝統的に使用されてきた食材は、いってみればすべてが日本人的な食べ物なのだが、ここで、あえて「日本人的な」という意味は、縄文文化の時代の食生活の伝統と弥生文化の時代の食生活の伝統がうまく一体化し、複合的な食文化として、子供から大人まで、今日でも人気があるのが「江戸前のスシ」で、それが、とりもなおさず、日本人的な食べ物だという意味なのである。

特に、江戸前の「にぎりズシ」は文政年間に華（花）屋與兵衛が屋台ではじめたのが最初と伝えられるが、「シャリ」（舎利・米つぶ・米飯）はまさに弥生時代以来の食文化を象徴する食べ物であるし、上に乗せた「ネタ」である魚介類（魚貝藻類）の生物《なまもの》は、まさに縄文時代の食文化を引き継いでいるのである。

その両方の伝統的な食文化を複合させたところに「江戸前の握りズシ」に対する嗜好の高まり

や人気の根源（元）があるのだといえよう。

特に江戸を中心とした人々（関東・東北日本）にとって好まれてきた「江戸前のスシ」は、そこに集まる人々が東北地方をはじめとする縄文文化をささえ、その文化を伝統的に温存してきた末裔なのだといえよう。それは今日的に言うと縄文人としてのＤＮＡを多く保有しているということなのである。

したがって、他方、京都・大阪を中心とした人々（関西・西南日本）にとって好まれてきた「なれずし」（古代鮨）は弥生文化の伝統を今日に伝えているし、これは弥生人としてのＤＮＡを多く保有している末裔が西南日本に多く暮らしているからにほかならないのだと筆者は解釈している。

もとより発酵食品である「なれずし」は、今日でも滋賀県の琵琶湖に近い彦根や米原で土産に売っているニゴロブナを用いた「フナのなれずし」に代表されるように、アユ、サケなどの腹をさいて、中に米のメシをつめ、樽や桶などに入れて重しをしておくと、メシが発酵して酢メシのように酸味や甘味がかもしだされるのだから、「なれずし」とても縄文文化の食材と弥生文化の食材が複合してできあがった食文化だといえないこともない。

ただ、「江戸前の握りズシ」は、すぐ食べることが前提なので、メシに酢を混ぜて「シャリ」をつくるが、「なれずし」は保存、貯蔵食品であるから時間をかけて、じっくりつくることが基本である点がちがう。

八　マグロの料理

『趣味でつくる男の料理』という本がある。著者は四條流師範の倉橋柏山《はくざん》（健一）氏だ。柏山は四條流の雅号である。著者によると、「男の料理」というものは、「好きなときに、時間をゆっくりかけ、材料を吟味し、のんびりと豪快さを味わい、遊び心でつくることだ」という。そして心をこめて料理をつくれば、自分の人生の持ち味ができあがるのだ……とも。

柏山氏は四條流包丁式家元師範ならびに、湘南調理師研究会の会長ほか、調理師専門学校の調理講師などを兼ねた、もと、料亭「田むら」の主人である。

その柏山氏が、魚類を中心に、簡単な家庭料理からプロの料理にいたるまで、はば広く調理できる著書『春夏秋冬・味なさかな料理』を刊行し、出版記念会がおこなわれたことがあった。一九八九年（平成元）のことだから二〇年も前のことになる。

マグロのカブト焼き　オーブンで焼きあげるのに２～３時間かかる（三浦三崎「立花」星野英夫氏提供）

高書には四三種の魚介類を食材に、三〇〇余種の魚料理の方法が解説され、その「冬の魚」の部にマグロを食材とした料理の方法やコツが紹介されているのである。以下、畏友の「マグロの料理」にかかわるいくつかを引用、紹介させていただく。

1　ねぎま鍋

マグロは食べよく小角か厚めの短冊状に切り、長葱《ながねぎ》は四センチ長さに切る。椎茸《しいたけ》は石付きを切り、三つ葉は適当に切っておく。鍋に分量の煮汁を入れ、煮立ったらマグロと長葱を入れて少し煮含める。椎茸を加えて火がとおったら取り皿に汁と一緒に取り分け、三つ葉と粉山椒をふって食べる。

本来はマグロと葱だけで作り、煮汁は少し甘辛く仕立てるものである。今では夢のような鍋物であるが、本鮪のトロを使ってのねぎま鍋はまことにうまい。材料は四人ないし五人前で、マグロの腹身（脂身のトロ）一キロ、長葱五本、椎茸一〇枚、三つ葉適宜《てきぎ》、だし汁カップ五ハイ、酒一〇〇cc、醤油大さじ五杯と二分の一、みりん大さじ四杯。

2 刺　身

今さらマグロの刺身について書くこともあるまい。適当に切って山葵《わさび》醤油で食べる。脂肪の多いトロの刺身は、山葵の他に辛味のある大根おろしを添えるとうまい。

近年は辛味の強い大根なども入手が困難になったが、大根はおろして水気を軽くしぼり、おろし山葵と別々に添え、醤油に入れる。辛味の強いものならマグロに山葵と一緒に乗せて食べる。脂が中和され、山葵の辛さと香味が増しておいしく食べられる。

上等のマグロにはぜひとも生の山葵をおろし、山葵を醤油に入れるのではなく、マグロに乗せ、折り曲げてはさむようにして醤油をつけて食べるのがうまい。

ケン（料理のつけあわせ・刺身などのつま）は白髪大根がいい。

スーパーマーケットの冷凍の皿盛りでなく、たまに本鮪のうまい刺身を賞味してほしい。

握り寿司や鉄火丼、鉄火巻き、今はやりの手巻きなら、手軽に家庭でも味わえる。

3 マグロ丼

これは昔のヅケの応用である。醤油五の割合に対し、酒三、みりん一を鍋に入れて火にかけて煮立て、火を止めたら、ニンニクのすりおろし少量、胡麻《ごま》油少量と、おろし生姜《しょうが》少々を加えた中にマグロを漬ける。当然、汁は冷めてからだ。薄いそぎ身にしたマグロを一五分から二〇分漬け込んでおく。

丼に飯をよそって、もみ海苔《のり》をかけ、その上に漬けこんだマグロをたっぷり乗せ、漬け汁を全体に少量かけ、ご飯に汁が少ししみこむようにし、浅月《あさつき》の小口切りと煎《い》り胡麻を半ずりにしてふりかけ、おろし山葵を添えて食べる。

4　山かけ

マグロは小角に切って山葵醬油をからめておく。

自然薯《じねんじょ》（山の芋）があれば申し分ないが、大和芋、つくね芋でもよい。皮をむいてすりおろす。擂鉢《すりばち》のへりを使ってすりつけると、きめ細かになる。さらに擂粉木《すりこぎ》を使ってよくする。擂鉢は下にぬれ布巾《ふきん》を二枚ほど重ねて敷くと、安定して仕事がやりやすい。

卵白の使い残しがあれば、四人ないし五人前で一個分ほど加えてすり混ぜると、まっ白く、フワットなめらかになる。

小鉢にマグロを盛り、割り箸を両手に持って、箸先をすった芋に刺し込み、クルクルと芋を巻き込んでマグロの上に乗せる。分量も一定し、ふっくらと盛りあがってきれいになる。

針のように細く切った焼海苔と山葵を乗せ、醤油を添える。まん中をくぼませて鶉《うずら》の卵か小さめな卵黄を落とすのもいいだろう。

5　納豆マグロ

マグロは粗くたたいて、わさび（山葵）醤油を少量かけてよく混ぜ、下味をつける。納豆はまな板の上でたたいて細かくし、とき辛子と葱《ねぎ》の小口切りと卵黄を加えて混ぜる。納豆をおいしく練るには、なにもいれずに納豆だけを箸で十分にかき混ぜ、ねばりが出たら、醤油を二滴加えて、さらにかき混ぜ、辛子や葱、卵黄などを加えて混ぜる。小鉢にマグロを盛り、納豆を乗せ、針海苔を天盛りにして醤油を添える。これを手巻き風にしたり、ご飯に乗せて食べるのもうまい。

6　た た き

マグロと長芋を同量位合わせてたたいたもので、あらかじめ、マグロと長芋を粗たたきして、一緒に混ぜてよくたたく。卵黄と柚子《ゆず》皮のすりおろしとレモン汁少量に、わさびを加え、醤油と塩少々で味加減を調えてよく混ぜ、小鉢に盛る。少しずつなめるようにして、酒のつまみにする。

熱いご飯にかけてもうまい。

　私は、ゆでてさらした蕎麦《そば》を浅い器に盛り、上にたたきをたっぷり乗せ、冷めたい蕎麦つゆをかけ、針海苔をふって、蕎麦にからませながら食べるのが好きだ。

7　からみマグロ

　つきたての餅なら申し分ないが、切り餅を蒸すか熱湯で柔らかにし、よくたたいたマグロに水気をしぼった大根おろしと卵黄を加え、山葵と醤油で味加減をし、餅にからめて食べる。

8　マグロのアボカド和《あ》え

　アボカドとマグロの和えたもの。マグロは赤身より脂のある中トロを小角に切るか、粗たたきにして山葵醤油で下味をつける。

　アボカドは熟して柔らかい果肉を取り出し、すり鉢に入れてレモン汁を少量かけ、塩と淡口醤油少々と山葵を加えて調味し、マグロと和えて小鉢に盛る。森のバターといわれるアボカドとマグロの脂身が調和して、おいしい和えものになる。アボカドの器に盛ってもいい。

9　マグロのぬた和え

一般に、魚肉や蔬菜《そさい》などを酢味噌で和えた食品を「ぬた」とか、「ぬたあえ」「ぬたなます」などとよんでいる。柏山氏によると、「マグロのぬた」のつくり方は以下の通りである。

マグロは小角に切って酢に浸して一五分ほどおく。

わけぎはひげ根を切り、沸騰した湯に塩を入れ、根の方から先に入れて自然に下り曲がるまで軸の方をゆで、その後、全体を入れてゆであげる。盆ざるにあげて、団扇《うちわ》であおいで急激に冷やし、まな板に乗せて包丁の峰で二度、三度しごき、葉先から水分とねばりを取り去って、三センチほどに切り、布巾に包んで水気をしぼる。

若布《わかめ》は戻して熱湯に手早く通して食べよく切り、水気をしぼる。

マグロはざるにあげて汁気を切り、ボールにマグロとわけぎと若布を入れて辛子味噌で和えて小鉢に盛る。

しゃれた料理ではないが、実にうまい。和え物は、下準備は前もってしておくが、和えて時間が立つと、水っぽくなるので食べる直前に和えるのがコツ。

10　マグロのすり流し汁

マグロは粗切りにし、四人から五人前なら、一五〇グラムほど用意し、だし汁五カップ、信州味噌六〇グラムを入れてミキサーにかけ、鍋に入れて火にかけ、小角に切った豆腐と醤油少々で味を調えて煮立ったら火を止める。お椀によそって浅月の小口切りをふりこみ、粉山椒か七味唐辛子の薬味で食べる。

なお、本章を執筆するにあたり、柏山氏に電話をさしあげたところ、東京の大塚駅南口近くに「なべ家」（福田浩氏）という昔の江戸（東京）の味を伝える店があり、四月限定ではあるが「ねぎま鍋」もメニューにあると伺ったが、筆者はまだ足をはこんでいない。

あわせて、前掲の写真（41頁）でも紹介したが、三浦三崎には、地の利を得たマグロ料理の専門店が多い。マグロ料理といっても、豪快な「カブト焼き」もあれば、繊細な寿司（鮨）懐石など、店によって、さまざまな個性があるのが楽しい。

さらに、落語の「ねぎまの殿様」にでてくるような江戸料理は、今日では、インターネットで簡単に検索したり、予約したりすることが可能だという。

「マグロの料理」で特筆すべきは、取材中、紀伊勝浦駅前の店で「名物・マグロうどん」にめぐりあった。マグロの刺身五枚の他、加薬はナルトなどであったが、生臭くなかった。

九　マグロを運ぶ
——鮮魚の流通——

学生の頃に、「九州の五島列島あたりで漁獲されたマグロ（シビ）は、一週間か、一〇日もあれば海路を利用・経由して江戸へ運ぶことが出来た。」というような内容の本を読んだことがあり、「えー、そんなに速く、マグロを運ぶことができるものか……」と驚いたのと、「ほんとかなー」と思ったこともあるので日数にちがいはないと確信している。

江戸時代には鮮魚（活魚）を専用に運搬する船として「押送り船《おしおくぶね》」（押送船《おしょくりぶね》）があった。しかし、遠方からの積荷は、いくら値段の高い品物でも経費がかかりすぎるし、押送り船では積荷の量も限られてしまう。とすれば、大型の帆船（弁財船に代表される）ということになる。ましてや、当時、マグロ（シビ）は下魚であるとされていたのだ。

文化十年（一八一三）に相州浦賀奉行所の同心組頭であった今西幸蔵によってまとめられた浦賀や三浦半島の家や船に関する記録が乾坤《けんこん》二冊で残っている。今日では貴重な記録であり、一般には、『今西氏家船縄墨私記《いまにししかはくなわすみしき》』の名で呼ばれている。その中に、鰹《かつお》船や他の漁船にまじり、「押送り船」の図と解説がある。

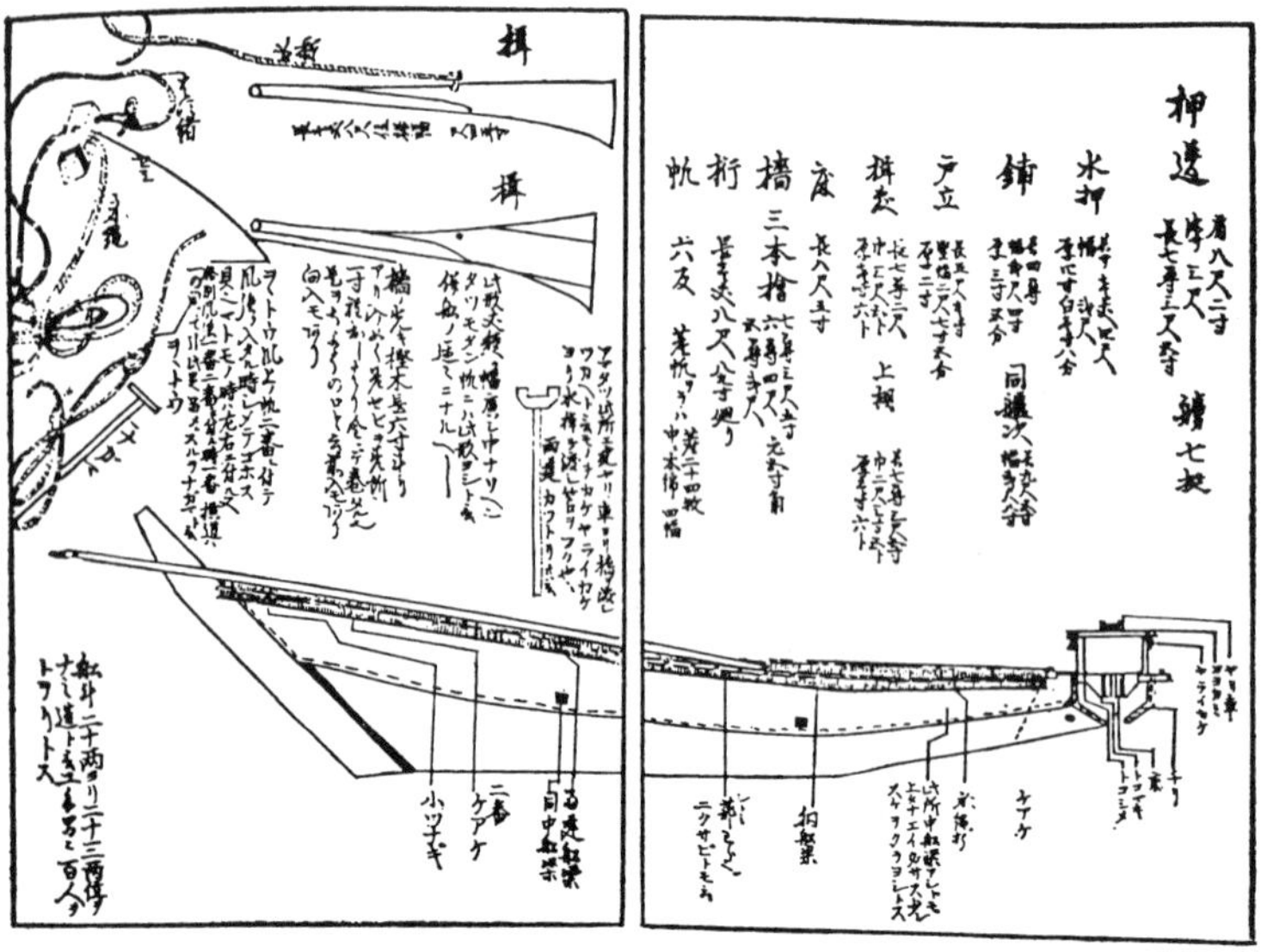

「押送り船」の図（『今西氏家船縄墨私記』より）

上の図に示された「押送」は、

肩八尺二寸、深サ三尺、長七尋三尺五寸。艪《ろ》は七挺。檣《ほばしら》 三本七尋三尺五寸、六尋四尺、五尋二尺で元五寸角。桁《けた》長サ丈八尺八寸廻り。帆六反、蓙帆《ござほ》 蓙二十四枚、中ニ木綿四幅

などとみえる。「押送り船」にも七挺艪・八挺艪・九挺艪などの大きさがあったようだが、右の記録から、おおかたの様子を伺うことができる。

明治の終り頃（四十三年ごろ）、三浦三崎でつかわれていた押送り船は、普通のもので、肩幅（後方の帆柱を立てる場所の幅が他の漁船と異なり、押送り船は後方の肩幅が広い）が七尺五寸、敷きの長さは三八尺から四〇尺（カネ

尺で計った）で、七挺艪から九挺艪。乗組の人数は八人から一〇人程であった。

大きな押送り船になると肩幅九尺五寸から一丈、敷きの長さ四五尺から五〇尺。九挺艪（キュウチョッパリ）であった。このくらいの大きい押送り船は、三宅島まで手漕ぎで出かけ、トビ（飛魚）を積みに出かけるのに使われたりもした。

当時の押送り船は船型でいえばオモテが細長く、トモが太くなっていた。

この押送り船はコベリの上にドマクラの高さまで「ネクシャビ」（前書に「ニクサビトモ云」とみえる稲藁を女竹につけて編んだ囲い）を付けたもので、冬期でもすきま風がはいらず、けっこう暖かであった。ネクシャビは女竹（ニワダケともいう）を上部に二本、下部に一本ほどおき、その高さを一〇センチから一五センチの間隔で固定し、稲藁を使って編んだものであり、結わき方は、神社で祭礼に使う獅子の毛をつくる時と同じような方法によるという。

押送り船は、荷をより多く積むこともあって、他の船に比べると帆は比較的大きかった。普通は小矢

「押送り船」と同じ「ネクシャビ」が船の前方に描かれている
（北斎画）

帆、中帆、大帆などを使い、ハギッポ（二枚）の場合は大帆につけた。大帆は中に「ツリ」があり六枚帆であった。

帆柱は檜《ひのき》で大柱をデンチュウ（電柱）と呼び、これが二本あり、その他に矢帆柱がある。三浦三崎に電灯が初点したのは大正二年三月二日のこと（『三崎町史（上）』）であるから、押送り船の大柱を「デンチュウ」などと呼ぶようになったのは、その後のことということになる。

帆布は木綿でチドリにからげあわせ、二枚をあわせれば二枚帆、三枚のものを三枚帆と呼んだ。三枚帆が流行しはじめたのは大正四、五年で、それ以前に三角帆が使われることはなかった。

話者の三壁甚五郎《みかべじんごろう》氏が押送り船を艪で漕いだ頃、三崎より横浜の本牧まで七挺艪で八時間かかったという。

伊豆、相模、安房あたりの魚貝藻類は上述したような押送り船で海路、日本橋まで運ぶことができたであろうが、当時（江戸時代）でも江戸の城下町だけが消費地ではなかった。

陸上では牛馬の背荷物としての運送や荷車を使っての人蓄の力にたよった輸送があったのは当然のことである。こうした鮮魚の運搬は地域ごとに、それぞれの事情があり、その形態も異なるが、次に、その事例の一つをあげてみたい。

川名登著『河岸《かし》』によれば、江戸に近い「河岸」では鮮魚をはじめとする物資の輸送や人々の移動には、川船が大いに利用されてきたことがわかる。銚子湊に水揚げされた鮮魚は川船に積まれた。この船を「鱻船《なまぶね》」といったということが『利根川図志』にみえるという。「同書」によると、銚子浦より鮮魚を積み上するを鱸船といふ。舟子三人にて日暮に彼処を出て、夜間に二十里余の水路を泝《さかのぼ》り、未明に布佐、布川に至る

とある。布佐、布川は取手宿（取手市）や我孫子宿（我孫子市）に近い。『河岸』によると、生魚は鮮度が生命なので、夏は〈活船《いけぶね》〉（船中に生簀のある船）で関宿《せきやど》を廻って日本橋魚市場に送られたが、これは積載量に限りがあるので、普通は竹籠に詰められ、できるだけ短距離、短時間のルートが選ばれた。

銚子を出帆した〈なま船〉は、利根川中流の木下《きおろし》、布佐辺で荷物を揚げ、陸上を付け通し馬で江戸川付きの松戸河岸や行徳河岸に送り、再び河船に積んで江戸日本橋へ着いた。これは陸路駄送を使うので輸送費は高くつくが、関宿を迂回するよりも時間はずっと短縮された。

このような鮮魚輸送ルートが、いつ頃成立したかは不明だが、江戸での鮮魚消費量の増大との関係を考えると、元禄期頃（一六八八―一七〇三年）ではなかったかと思われる。

としている。

また、山本光正著「近世房総の街道」（『街道の日本史19・房総と江戸湾』所収）によれば、布佐《ふさ》と松戸、木下と行徳を結ぶ〈木下街道〉は、〈ナマ道〉などと呼ばれた。両道は銚子方面の鮮魚などが運ばれたが、木下と布佐は近接しているため物資輸送をめぐってしばしば対立している。

馬背輸送『諸国道中金の草鞋』（十返舎一九）　浦和・大宮・上尾付近の街道筋を馬に二本（尾）のマグロを「簀巻」にして運搬中の商人たち．

この物資輸送の対立については『河岸』にその詳細が述べられている。

以上のように、鮮魚をできるだけ多く、しかも短時間に目的地に輸送するために川船が大いに活躍したが途中は馬背輸送にたよらなければならなかった。宿場間の輸送でない半公的な（正式に幕府が定めたルートでないような）場所では、一旦、積荷をおろさないで、「付け通し」で運搬した方が、手間もひまもかからないし、ましてや鮮魚の場合などいたみが増せば、売値は下がるとなれば、少しぐらいのワイロなどを使っても、儲けが多いにこしたことはない。こうした結果、「付け通し」をしたままの馬背輸送が増加し、物資をめぐっての対立も多くなったのである。当然の結果であったといえよう。

『諸国道中金の草鞋《わらじ》』は十返舎一九（江戸後期の草双紙・滑稽本作者。本名は重田貞一《さだかず》・駿府生れ。『東海道中膝栗毛』で知られる。明和二年〈一七六五〉―天保二年〈一八三一〉）によるものだが、現在の埼玉県の浦和・大宮・上尾あたりまで馬背輸送でマグロが運ばれている様子が描かれているのは興味深い。

マグロ二本は、かなりの重量があるのであろう。馬がその重さに堪えている表情や、マグロを莚《むしろ》のようなもので簀巻《すまき》にして運搬している当時の街道筋の様子が手にとるように見えるような描写である。

また、江戸時代中期の国学者で歌人の賀茂真淵《かものまぶち》の『日記』にも、マグロを馬背輸送している様子が記されている。

真淵は遠江《とおとうみ》岡部村（静岡県志太郡岡部町）の出身で、江戸に出て荷田春満《かだのあずままろ》に学び、研究や教授をしていたのだが、五十歳の頃（延享二年〈一七四五〉）の九月十日、急に故郷が恋しくなったので、帰ってみることにした。その時、「東海道を西へ、戸塚から藤沢に向う街道筋で、馬が二匹も三匹もの〈しび〉を背に積んでいる七〇頭あまりの馬の行列と出あった。〈しび〉は大磯・小磯等で釣ったもので、七月頃から釣れはじめるという」などとみえる。ちなみに、真淵は元禄十年（一六九七）から明和六年（一七六九）の人である。

相模灘などで漁獲された鮮魚は、押送り船で海路、藤沢や鎌倉まで運ばれ、そこから陸路を牛馬で運搬する方法や、鎌倉・逗子方面から川筋などを利用して榎戸《えのきど》（江戸湾・東京湾）方面へ運び、再び海路を利用するなど、いろいろなルートがあったようで、今日でも横須賀市内に「船越」の地名が残っている。

上述したように三浦三崎からの鮮魚の運搬は、海路を押送り船による荷が多かったが、この押送り船にも各種あり、「ナマ船」とよばれる鮮魚を積む専用船、「イケモノ船」とよばれ、アワビ・イセエビ・塩干魚などを運ぶものがあった。ナマ船は肩幅一丈以下で七尺どまり。七挺艪から九挺艪をおした。普通一挺の艪に二人がとりついた。積荷の量は七百貫から八百貫（二・六〜三トン）といわれた。ナマ船は午後の三時頃に出帆するが、少しぐらいの風だと帆走するよりも手漕ぎの方が速く、海路一八里といわれた三崎と江戸の間を漕ぎつづけ、翌朝に新肴場《しんさかなば》（日本橋の魚河岸）に着いた。途中、走水《はしりみず》（江戸時代には海関があった）などには、艪を押すための屈強な助《すけ》っ徒《と》がおり、賃傭いで交代し、艪を押してもらうこともあったという。

また、イケモノ船は肩幅が五尺以下の小さな船で五挺艪ぐらいを押した。この船は船足が遅いため、翌朝の市場の売りに間に合うためには、三崎を前日の午前十時頃には出帆しなければならなかった。

他方、当然のことながら鮮魚の陸送もさかんにおこなわれた。上述した『諸国道中金の草鞋』に描かれている様子と同じく、マグロは竹を用いて簀巻にし、馬の背の左右に付けたり、他の小さな魚は「馬づけ籠」とよばれるの竹籠に入れ（長さ二尺、幅が六寸か七寸ほど）、それをいくつ

クロマグロが並ぶ日本橋魚市（『江戸名所図会』より）

か積みかさねて馬の背の左右にふり分け、横須賀や横浜方面（神奈川）へ運んだ。相模湾側では三崎から鎌倉まで馬で陸送すると二日は要したといわれ、鎌倉で「継ぎ馬」をしたと伝えられている。

明治十四年の一月になってから、三浦三崎では、初めて汽船会社ができて、東京との海上交通がおこなわれるようになり、汽船で鮮魚の運搬が可能になった。『三崎町史』上巻によると、

この汽船は三浦郡長小川茂周《しげちか》、鴨居村高橋勝七、三浦郡選出県会議員若命《わかめ》信義、加藤泰《たい》次郎（初代三崎町長）その他が交通不便な三浦地方の人民の福利をはかろうと創立した汽船会社が、東京越前堀の福沢辰蔵から金六千円で購入した小汽船で、加藤・高橋名儀を以って三崎東京間の通航を始めた

とみえる。

その後、鮮魚の陸送は、馬背運送から馬力車に変

わり、明治中期以降は道路も多少なりとも拡くなり馬力車による運送がさかんになった。三崎から横須賀まで、鮮魚をはじめてトッラクが輸送したのは大正八年のことで、積荷は魚荷八樽ほどと記録されている。

漁船で運ばれるマグロ（日本橋魚市『江戸名所図会』より）

Ⅱ　マグロ漁の歴史と民俗

一　マグロ漁の歴史

日本におけるマグロ漁やマグロにかかわる歴史は古く、八世紀の初頭にまとめられたとされる『古事記』（わが国で最も古い歴史書）の中にもマグロのことがみえる。

古代には「歌垣《うたがき》」といって、男と女や男同志あるいは老人と若者などが、互いに歌を掛けあい（詠みかわし）舞踏などをして楽しみ、若い男女の場合は、一種の求婚方式にもなっていたとされている。

『古事記』の中には、多くの「歌垣」が記されている。その中に、

大魚《おふお》よし〈大きな魚よ〉鮪《しび》衝《つ》く海人《あま》よ（シビ突く海人よ）
其《こ》があれば　うら戀《こほ》しけむ
鮪衝く鮪

という歌がある。この歌謡の解釈はいろいろあるが、「しび」（シビ）は大きなマグロの代名詞のようなものである。また、この歌の作者は「志毘《しび》の臣」（人名）だともいわれる。

この「シビ」という言葉が、時代とともに「マグロ」に変わってきたいきさつについて、江戸時代の初期にまとめられた『慶長見聞集』（一五九六年）には、「鮪」は「死日に通ずる」として

不吉な魚だとか、「鮪の味は悪く、身分の低い者すらあまり食さない。侍衆にいたっては見向きもせぬ」という記載があり、また、『江戸風俗志（誌）』にも「鮪などは甚だ下品にて、町人も表店住の者は食する事を恥ずる体也」とあって下魚とされてきた。

ところが、江戸時代も中期以降になると、鮪（クロマグロ）は背色が黒いことから「真黒・マグロ」と呼ばれるようになり、以後しだいに、クロマグロだけでなく、マグロ類（キハダ・メバチ・ビンナガなど）を総称して「マグロ」という呼び名が一般的になったことから「シビ」の名前はしだいになくなり、各地の方言として残り、伝えられてきたのである。

また、不吉な魚とされてきた「ジビ」も「マグロ」と呼ばれるようになり、しだいに消費量が増えはじめたのであった。

1　貝塚とマグロ

黒潮（日本海流）と親潮（千島海流）が出合う三陸海岸の沿岸から沖合いは、昔から良い漁場として知られてきた。こうした恵まれた地域には、古い時代から人々が暮らした痕跡があり、今日の仙台湾周辺には縄文時代に形成された貝塚が多く残されている。

宮城県平田原《ひらたはら》貝塚もその一つで、縄文時代の早期から後期にかけて形成された貝塚からは約二

○種類の魚類の骨が発掘されている。楠本政助氏によると、魚骨の中でも量的に多いのはスズキ・

サバ・マダイであり、スズキの骨が多いのは仙台湾周辺の貝塚の特色だという（『矢本町史』第一巻・先史）。

そうした中で注目されるのは、マグロの骨が検出されたことである。

仙台湾周辺の貝塚からは、おびただしい数の鹿角製の釣鈎をはじめ、銛《もり》そのほかの漁撈用具も発掘されているが、ここでは、マグロをいかにして捕獲したかについての言及はさけ、マグロの骨の発掘事例を掲げるにとどめたい。

貝塚の遺物（動物遺骸）の中にマグロの骨が検出されることは、他の貝塚の事例にもみられる。筆者が暮らしている神奈川県の例だけをみても、九つの貝塚でマグロの骨が出土している。

以下、その貝塚名と年式を示しておく。

新作八幡台《しんさくはちまんだい》貝塚・川崎市高津区新作・縄文前期
小仙《しょうせん》貝塚・横浜市下末吉・縄文後期
大谷戸《おおやと》貝塚・横浜市西区久保町・縄文後期
称名寺《しょうみょうじ》貝塚・横浜市金沢区称名寺・縄文後期（E貝塚）
平坂貝塚・横須賀市若松町・縄文早期
猿島洞穴・横須賀市猿島・弥生末～古墳初頭
西富貝塚・藤沢市西富・縄文後期
遠藤貝塚・茅ヶ崎市堤・縄文後期

万田《まんだ》貝塚・平塚市万田・縄文前期～中期～後期

神奈川県内の貝塚出土のマグロ骨角の事例を示しただけでも、ほとんどが縄文時代の早期から後期にかけての遺跡からの出土であり、マグロは古い時代から人々との暮らしにかかわり、糧として恩恵を与えてきたことがわかる。

2 『古事記』『風土記』とシビ（マグロ）

マグロが古い時代に、「シビ」と呼ばれていたことはよく知られている。その「シビ」という語《ご》彙《い》には、本書であつかう魚類としての「シビ」と、その他に人名の「シビ」の二通りがある。まず、その二通りある「シビ」の表記からみていくことにしよう。

マグロにかかわる史的背景をひもといてみると、わが国で最も古い八世紀のはじめにまとめられた『古事記』の中に、「シビ」に関する記載があることは上述した通りである。『古事記』に書かれている「シビ」は「志毘」と表記されている。

その内容をみると、『古事記』（下巻）に人名としての「志毘」は「志毘臣」の歌として、

意布袁余志　斯毘都久阿麻余　斯賀阿禮婆　宇良胡本斯祁牟　志毘都久志毘

とうたわれた歌がある（傍点は筆者による）。以下に大意を記すと、

大魚よし　鮪突く海人よ　其があれは　心戀しけむ　鮪突く鮪（注・大魚は鮪の枕詞。よし

は接尾語。鮪を鉾でついて獲ろうとしている海人よ〈この鮪は「大魚」の「女」で海人は志毘臣を指す〉。その大魚の鮪が離れて行ったら〈阿禮は離れ去る意〉。心に恋しく思うことであろう。鮪〈大魚〉をついて獲ろうとする鮪〈志毘臣〉〉。

このように歌われた中には、人名としての「志毘」と、魚名としての「志毘」が混在していることを読みとることができる。

また、『風土記』に記されているマグロはすべて「志毗《しび》」または「志毗漁」の文字があてられており、『古事記』にみえる「志毘《しび》」の表記はない。

しかし、すべてといっても現伝する五カ国の風土記のうちマグロのことが記されているのは『出雲國風土記』だけである。また、「志毗」には前述したように、二通りあり、人名にかかわるものと、魚名にかかわるものがみられる。人名にかかわるものは、

舎人郷　郡家正東卄大里　志貴島宮御宇天皇御世　倉舎人君等之祖　日置臣志毗　大舎人供奉之　即是志毗之所レ居　故云二舎人一卽有正倉。（傍点は筆者による）

とみえ、読み下すと、つぎのようである。

舎人《とね》の郷《さと》（注・伯太川下流西方、飯梨川との間の地域。安来市の月坂・赤埼・沢村・吉岡・野方・折坂・の地にあたる。）　郡家《こほりのみやけ》の正東《まひむがし》卄大里なり。志貴島《しきしま》の宮《みや》（注・欽明《きんめい》天皇。第二十九代の天皇。）に御宇《あめのしたしろ》しめしし天皇《すめらみこと》の御世《みよ》、倉《くら》の舎人君《とねりのきみ》等が祖《おや》、日置臣志毗《ひおきのおみしび》、（注・姓氏録に高麗人伊利須使主の子孫に日置造・日置倉人が見える。同族であろう。日置はヒキ・

へキとも訓まれている。）大舎人《おおとね》供《つか》へ奉《まつ》りき。（注・天皇・皇族の側近にあって宿直雑用にあたる職の名、またその人。大舎人・内舎人の別がある。）即《すなは》ち是《こ》は志毗《しび》が居《す》める所なり。故《かれ》、舎人《とね》といふ。即ち正倉《みやけ》あり。とある。

3　『和名抄』とマグロ

わが国で最も古い辞典は平安時代の末期に源　順《みなもとのしたごう》（九一一―九八三年）によってまとめられた『倭名類聚鈔《わみょうるいじゅうしょう》』だとされる。一般に『和名抄』と略され、よく知られている辞典である。その『倭名類聚鈔』（元和三年活字版　二十巻本）中の「巻十九・鱗介部第三十・龍魚類第二百三十六」には、「人魚」についで「鮪」のことがごく簡単に示されている。その内容をみると、

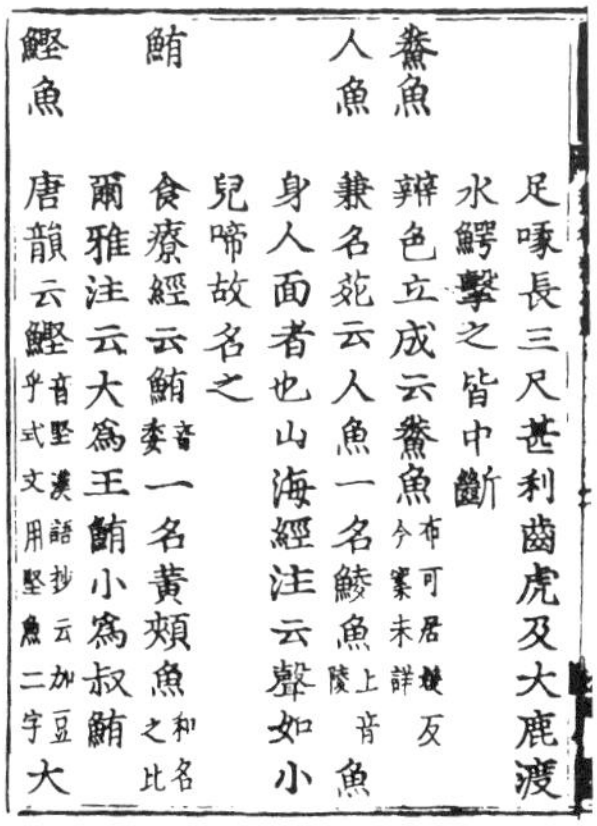
足喙長三尺甚利齒虎及大鹿渡水鰐擊之皆中斷
鰲魚　辨色立成云鰲魚布可居陵反今案未詳
人魚　兼名苑云人魚一名鯪魚上音陵魚身人面者也山海經注云聲如小兒啼故名之
鮪　食療經云鮪音委一名黄頰魚和名之比爾雅注云大為王鮪小為叔鮪
鰹魚　唐韻云鰹音堅漢語抄云加豆乎式文用堅魚二字大

『倭名類聚鈔』の中の「鮪」
（元和３年＝1617年版）

鮪　食療經云鮪は一名黄頰魚　和名之比《しび》　大為王鮪《おうゆう》　小為叔鮪《しゅくゆう》

などと、「一名黄頰魚を和名で之比」というところからキハダマグロについてのことであろうか。しかし「鮪（ゆう）」は、チョウサメの一種だともいわれるし、「鮛（しゅく）鮪」もあてられる。

また大為に王鮪、小為に叔鮪などの使いわけについては、次に掲げる『和漢三才図会』にも引用されるが詳細は明らかでない。しかし、「図会」を見るかぎりではマグロのような顔つきをしているように思われる。

4　『和漢三才図会』とマグロ

「三才」とは中国でいう天・地・人を意味し、「宇宙間の万物」といった意味である。したがって、『三才図会』といえば、この世の中のあらゆることに関しての図や絵を集めたものをいうので現代版の「ビジュアル・ランゲージ」に相当する。

中国の明時代に王折《おうき》によって編まれた『三才図会』をもとに、江戸期の正徳二年（一七一二）頃に寺島良安が編纂《へんさん》した初の図説百科事典ともいえるのが『和漢三才図会』である。当時はまだ文字を書いたり、読んだりできる人々は少なかったので、図会は大いに役立ったにちがいない。

まず、その中に記載されている「マグロ」の項目についてみよう。

鮪《しび・ハツ・オイ》

王《おう》鮪《ゆう》――鮪の大きいもの。和名は之比《しび》。あるいは波豆《はっ》という。

叔《しゅく》鮪《ゆう》――鮪の小さいもの。俗に目黒《めぐろ》という。

鮥《らく》子《し》――さらに小さいもの。俗に目鹿《めしか》という。

『本草綱目』では、鮪と鱘《かじとおし》とを同じ物としている。「月令《がつりょう》」（『礼記』）に季春、天子は鮪を寝廟《しんびょう》（祖先の尊像、位牌を祭ってある廟）にすすめる、とあり、それで王鮪の称があるという。郭璞《かくはく》（『爾雅』）によれば、鮪の大きなものを王鮪という。〔小さなものを叔鮪といい、さらに小さいものを鮥子《らくし》という〕。（以下略）

このあと、『本草綱目』は鱘《かじとおし》と鮪《しび》とを同一物としている。鱘は青碧色で鼻は長くて身長と等しいが、鮪は頭がやや大きく、鼻も長いとはいえ、それほどでもない、というような説明を加えている。『大漢語林』をひもとくと「鱘《ジン》」は、カジキ、シビのことで、「鱏」（シン）の俗字でカジキだとみえる。

（「訓蒙図彙」より）

鱘の図　　鮪の図
（『和漢三才図会』より）

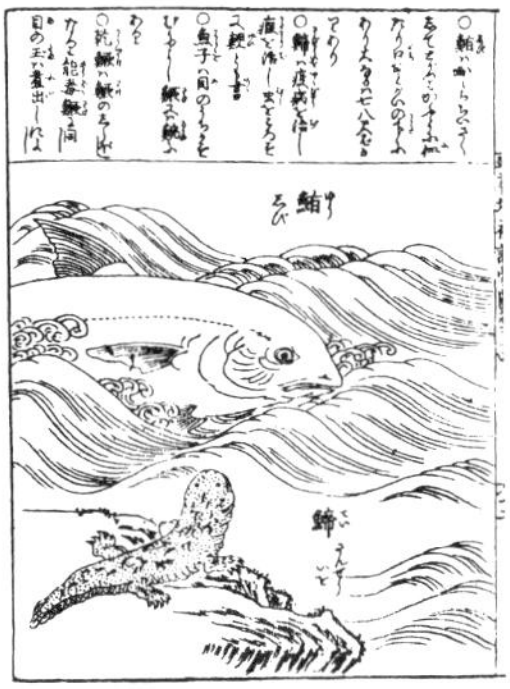
（鮪「訓蒙図彙大成」より）

鱘（かじとおし）・鮪（しび）の図

したがって「かじとおし」とは、カジキ・カジキマグロのことらしい。（190頁参照）
また、大きなもので一丈余、小さいもので六、七尺。肉は肥えていて淡赤色。背上の肉には黒い血肉が二条ある。〔俗に血合という〕。これは捨てるのがよい、
などともみえる。

この他、『訓蒙図彙《い》』や『訓蒙図彙大成』にマグロは「しび」として解説されている。が、説明の内容はいずれもそれほど変わらないので図会のみ挙げるにとどめたい。

5　『紀伊国名所図会』とマグロ

『紀伊国名所図会』の「和哥山」の項に、「西店魚市場《にしのたなうをいちば》」（万町《よろずまち》の西にあり）とあり、

> 当府に魚市場三所あり。いわゆる西の店・中の店・湊浜なり。東にあるを中の店といひ、西にあるを西の店といふ。東の店は名をだに留めず。ここの魚市は元広瀬岡町《ひろせをかまち》にありしを、慶長六辛丑歳（筆者注・一六〇一年）この地に移す。当国は海国なるうへ、近国の漁船ここに集り、鮮《あざらけき》を商ひて、大和国中・京摂に運送すること夥し。そが中にも、松江の浅利《あさり》のあさからぬは、かの鱸《すずき》にもおとらじ。またふきあげの沖のはつがつをは、江戸児《えどっこ》のきもを取《と》り拉《ひし》ぐべし（筆者注・肝〈胆〉を取り拉ぐは、おしつぶすの意。）

とみえる。このことから、当時、関西方面のカツオをはじめとする鮮魚が江戸まで流通していた

「西店魚市」の図会　見開右に男二人でマグロを運んでいるのが見える（『紀伊国名所図会』より）

ことが伺える。

また、上述した「西店魚市」の図会をよく見ると、

寄る魚は　網ひくはまの真砂より
よみつくされぬ和哥山の市　季陰

とあり、右側に男が二人で、棒を用いてマグロを担いで運んでいる様子が描かれているのがみえる。

魚市に運ばれてくる各種の魚介類のなかでも、大型のクロマグロは存在感があったのだろう。

『紀伊国名所図会』は高市志友撰（著）により、西村中和画によって初版・二編は文化九年（一八一二）に刊行され、三編は天保九年（一八三八）、後編は嘉永四年（一八五一）と、かなり長い年月をかけて出版されたとされるが、二〇〇年も前の魚市を具体的に知ることのできる貴重な資料であり、興味深い。

6　『西国三十三所名所図会』とマグロ

『西国三十三所名所図会《さいごくさんじゅうさんしょめいしょずえ》』は、別名を『西国名所図会』ともいう。嘉永元年の自序がある暁鐘成作著、松川半山・浦川公左画として知られる。

内容は、嘉永元年（一八四八年）の自序があることから、江戸時代後期の地誌や、その時代の日常生活、庶民の風俗などが生き生きと描かれている。

木本湊の有様（『西国三十三所名所図会』より）

そのなかに、今日の三重県熊野市木本町の暮らしの様子が、近隣の「鬼ヶ城《おにがじょう》」や「七里浜《しちりがはま》」などと共に描かれているページがある。

熊野灘に面した「木本湊《きのもとのみなと》」について、

峠を下りてこの地にいたる。東南をうけたる便宜の舟着《ふなつき》なるがゆゑに職家《しょくか》・商家・旅篭屋《はたごや》・漁師なんど打ちまじりて人家しばしば建ちつらなり、万端《よろず》に足りて富饒《ふにょう》なり

とみえる。そして、半山の描いた「木本湊」の図会を掲げ、解説に、

木本の町は近隣にならびなき繁花にして、殊に海辺なるがゆゑに魚類多《さわ》なり。長大《たけ》なる鮪《しび》を軒にならべて商ふ家此彼《ここかしこ》にありて甚《いと》珍し。かかる形容《ありさま》をみるは当街道中において此地に限れり…

とある。図会には、軒先にシビ（鮪）二匹（本）を並べ、商っている様子が描かれ、なかなか豪快であり、暮らしの豊かさが感じられる。シビを売る台の前には、大根二本をぶらさげた女房（主婦）らしきが品物を吟味しているところをみると、今日の夕餉の惣菜は、シビの粗《あら》（身のついた骨）、と大根とを一緒に炊き合わせた「粗煮《あらに》」なのかなと思う。シビのアラやカマの脂肪が大根にほどよくしみ込んで、舌にふれた味が時代を越えて伝わってくるような描写が嬉しい。

7　『日本山海名産図会』とマグロ

宝暦四年（一七五四）版の『日本山海名物図会』（巻之三）における「鮪《しび》」の項には次のように記されている。

鮪　大なるを王鮪《おうゆう》、中なるを叔鮪《しゆくゆう》（俗にメクロと云。）小なるを鮥子《めしろ》といえり。東国にてはまぐろと云。（筆者傍点）

筑前宗像《むなかた》（福岡県宗像郡）、讃州、平戸、五島に網する事夥《おびただ》し。中にも平戸岩清水の物を

上品とす。凡《およそ》八月彼岸より取はじめて、十月までのものをひれながという。十月より冬の土用までに取るを黒といいて是大也《これおおい》。冬の土用より春の土用までに取るをはたらといいて纔《わずか》一尺二三寸許なる小魚にて是黒鮪《くろしび》の去年子なり。皆肉は鰹《かつお》に似て色は甚赤し。味は鰹に不逮《およばず》。凡一網に獲る物多き時は五七萬にも及べり。是をハツノミと云は市中に家として一尾を買者なければ、肉を割て秤《はかり》にかけて大小其需《もとめ》に応ず。故に他国にも大魚の身切と呼わる。又是をハツと名附る事は、昔此肉を賞して纔《わずか》に取そめしをまず馳《はせ》て募るに、人其先鋒《せんぽう》を争いいて求る事、今東武に初鰹の遅速を論ずるごとし、此を以て初鰹の先駆をハツとはいいたり。後世此味の美癖《びへき》を悪《にく》んで終にふるされ賤物《せんぶつ》に陥《おちい》りて饗膳《きょうぜん》の庖厨《ほうちょう》に加うることなし。されども今も賤夫の為には八珍の一つに擬《なぞらえ》てさらに弥賞す。此魚の小なるを干《ぼし》て干鰹《かつおぶし》のにせものともするなり。（以下略）

「鮪《しび》」というのは「マグロ」の西日本における総称で、東日本では「マグロ」と呼ぶのが一般のように記されているが、必ずしもそうではない。

鮪《まぐろ》類のうち、クロマグロを方言で「シビ」（鮗）と呼ぶ地方は、現在でも東北や富山にも残っている。筆者の住む三浦半島でもマグロ類を「シビ」と呼んでいたことが近世の文書や古文献の中にも散見できる。たとえば、『新編相模国風土記稿』（徳川幕府学問所・天保十二年・刊行は明治十七〜二十一年）の三浦郡鴨居村の項に、「小名　鮪ヶ浦　之比賀宇羅　多々羅の南に続り」とみえるのはその一例で上述した通り。

その他にも、静岡県の西伊豆には「鮪浦《しびうら》」という地名があり、宮城県にも「鮪立《しびたち》」という地区があることも前述した。

古くは、上述した『古事記』をはじめ、『万葉集』にも「シビ」の記載があり、『風土記』には多い。いずれも「斯毘」などの漢字をあてて表記してきたが、読み（発音）が「死日」に通じるので縁起の良くない魚などとされ、その風体が「まっ黒」なことから、しだいに東日本（特に江戸）では「マックロ」（マグロ）と呼ばれるようになったと言われるのが一般的な説明である。

また、マグロの大きさについて、大きなものを王鮪《おうゆう》、中なるものを叔鮪《しゅくゆう》としているが、鮪のばあい、大きなものに対して、小さいものを「鮇鮪《しゅくゆう》」とするのが正しい。

同書にマグロの種類について「凡八月彼岸より取はじめて、十月までのものをひれながという」とみえるが、「ひれなが」は、胸鰭《むなびれ》が非常に長いマグロの種類で、人間の鬢《びん》にあたる部分が長いので「ビンナガ」と呼ばれている。マグロ類の中では小型で、この胸鰭を広げて泳ぐ姿が、トンボが羽根を広げて飛んでいるように見えるというので、マグロを捕獲する漁師仲間では「トンボ」とも言われる。

また、「十月より冬の土用までに取るを黒といいて是大也」とみえるのは「クロマグロ」のことで「ホンマグロ」とも呼ばれる。マグロ類で最も大型になる。あわせて「黒鮪の去年の子」を「はたら」と呼んでいるが、今日、東日本では「メジ」または「メジマグロ」と呼ぶところが多い。

「土用」といえば、わが国では一般的に、夏の土用をさすことが多く、きびしい熱さを代表して

鮪冬網（『日本山海名産図会』巻之三より）

「土用の丑の日」が知られる。中国から伝えられた暦法の「土用」は暦の節で四回ある。一期を一八日間とし、春は清明の後、四月十七日から立夏まで、夏は小暑の後、七月二十日から立秋まで、秋は寒露の後、十月二十日から立冬まで、冬は小寒の後、一月十七日から立春までをいう。

したがって、「冬の土用より春の土用まで」に取るというのは一月の中旬から四月いっぱいあたりまでということになる。

さらに同書は『万葉集』を引用し、「鮪つくとあまのともせるいさり火のほにはは出《いで》なん我下《わが》思いを」と。そして、『礼記月令』に「季春天子鮪を寝廟に薦《すす》むとあれども、鮪の字に論ありて令のハツとは定めがたし。尚下に弁ず」と記している。ようするに、「ハツノミ」あるいは「ハツ」という儀礼について、中国の魯国の儀礼を中心とした古代の礼記をまとめたもので、そのうちの一篇にあたる一年間の「月令」を述べている『礼記月令』などに「鮪」とみえるが、詳細は不明だとしている。つづけて、

　網は目八寸許にして大抵二十町許、細き縄にて制（製）す。底ありて其形箕《み》の如し。尻に袋あり。縄は大指よりふとくして常に海底に沈め置き、網の両端に舩二艘宛附て魚の群輻《あつまる》を待なり。若《もし》集る事の遅き時は二《ふた》月乃至三月とても網を守りて徒《いたずら》に過《すご》せり。是亦山頂に魚見の櫓《やぐら》ありて其内より伺《うかが》候い、魚の群集何萬何千の数をも見さだめ、麾《き》（さしずばた）を打振りてかまいろ／＼（カマイロとは構えよとの転也）と呼わる。其時ダンベイという小舩三艘出《いだす》。一艘に三人宛腰箕襷《こしみのたすき》鉢巻にて飛がごとくに漕よせ、網の底に手を掛て引車過半に及べば、又山頂より麾《き》を振るについて、数多《あまた》のダンベイ打よせて惣かかりにひきあげ、網舟近くせまれば、魚浮騰《ふとう》して涌がごとし。漁子《ぎょし》熊手《くまで》、鳶口《とびぐち》のごとき物にて魚の頭に打附れば、弥《いよいよ》駿《さわ》ぎておのずから舩中に踊り入れり。入盡きぬれば網は又元のごとくに沈め置て舩のみ漕退《こぎしりぞく》也。尻に附たる袋には鰯二艘ばかりも満ぬれども、他魚には目をかくることなし。是は久しく沈没せる網なれば、苔むしたるを我巣のごとくなして居れりとぞ。尚図に照らして見るべし。又一法に釣りても捕るなり。是若州《わかさ》（若狭の国・現在の福井県南西部）にて、其針三寸ばかり苧縄《おなわ》長百間針により一間程は又苧にて巻く也。是を鼠尾《ねずみお》という。餌《え》は鰹の腸を用ゆ。糸は桶へたぐりて竿に附ることなし。

此魚、頭大にして嘴尖り鼻長く口頷《おとがい》の下にあり。頬腮《ほおあご》鉄兜のごとく、頬の下に青斑あり。背に刺鬣《はりのごときたがみ》あり。鱗なし。蒼黒にして肚《はら》白く雲母の如し。尾に岐有《またあり》、硬《かたく》して上大に下小なり。大なるもの一二丈（ママ）、小なる者七八尺。肉肥て厚く此魚頭に力あり。頭《あたま》陸に向い尾海に向う時は懸てこれを採り易し、是尾に力なき故なり。暖《あたたか》に乗じて浮び日を見て眩来《めくるめき》たる時は群をなせり。漁人これを捕て脂油《あぶら》を采《と》り、或は脯《ほしし》に作る。

鮪の字をシビに充《あつ》ること、其義本草又字書の釈義に適わず。されども和名抄は閩《びん》書（明の末に編纂された福建省の地誌。わが国では中国の物産を知るために用いられた）によりて、魚の大小の名をも異にすること其故なきにもあらざるべし。又日本記（紀）武烈記眞鳥大臣の男の名。鮪と云に自注《じちゅう》慈寐《しび》とも訓せり。元より中華に海物を釈く事粗《そ》成《な》ること、既に云がごとし。故に姑《しばら》く鮪に随てて可なりともいわん。シビの訓義未詳《つまびらかならず》。

（傍点は筆者による）

とみえる。

このように、江戸時代になるとマグロの需要が増大しはじめる。一般的に、江戸城下町のような大都市でマグロの消費量が増大した理由として、醤油の普及との結びつきが指摘される。すなわち、文化・文政時代になり、野田・銚子（千葉県）でつくられた醤油が、関西の味から関東風の味として広まり、塩分の濃い醤油にマグロ類をつけて保存したり、味をつけたりすることができるようになったことは前述（16頁）の通り。

また、上述したように、「江戸前」の名でよばれる「にぎり鮨（寿司）」の創案は、同じく文化・文政のころ、江戸の蔵前に年季奉公をしていた華《はな》（花）屋《や》與兵衛によるものといわれ、マグロを醤油につけ、「づけ」として売り出したことと、醤油を使うことにより、魚肉の生食《せいしょく》を「鮨・寿司」として定着させたこと、あわせて魚の刺身に、ほどよい味をかもしだす醤油の利用がマグロ消費の増大に結びついたとされる。

また、文化七年（一八一〇）頃、尾張国知多郡半田村の中野又左衛門が赤酢をつくり、江戸城下町へ出荷しはじめたことも「江戸前の鮨（にぎり寿司）」と大いにかかわっている。

華（花）屋与兵衛の「江戸前鮨」の店は、文化五年（一八〇八）に本所で開業したともいわれる。が、江戸に「握り鮨」がおこったのは、それより後の文政五年か六年（一八二二か二三）頃との説もある。

いずれにせよ、江戸時代後期になると、交通手段も整備され、各地の魚貝藻類（魚介類）が江戸へ迅速に運びこまれるようになったため、生食が可能になり、結果、刺身は「晴」（ハレ）の日のご馳走で、宴席でも欠かせないものになった。

天保年間（一八三〇～一八四四年）に江戸の馬喰町《ばくろちょう》にあった「恵比須鮓《えびすずし》」という店がマグロの赤身を醤油に漬けて、「ヅケ」として売ったところ、これが評判になり以後、「ヅケ」が鮨種として、市民権をもつようになってきたのだともいわれる。いずれにしろ、文化年間に知多半島の半田村でつくられた「赤酢」が多量に船で江戸へ運ばれたこととのかかわりは深い。（16頁前出）

二　宿場町・魚市のマグロ

江戸時代になると物資の輸送はもとより、人々の往来もいっそうさかんになり、東海道五十三次の宿場をはじめ、各地の様子が『名所図絵』（図会）などで紹介されるようになる。

豊橋市二川宿本陣資料館が開催した「東海道五十三次宿場展（Ⅸ）―二川・吉田―」（平成十三年）の図録によると、つぎのように解説している。

魚町は、寛延三年の記録では、個数《（ママ）》一一九軒、人口六〇八人で吉田宿最大の町であり、表町ではないが魚問屋を中心に大いに栄えた町である。町の中央にある安海熊野権現は、もと札木町の地にあったが、池田輝政の城地拡大により現在地に移ったと伝えられ、今川義元の頃よりこの境内で魚市が設けられ、片浜十三里すなわち新居宿から伊良湖岬に至る遠州灘一帯の魚の集散地であった。

吉田城主小笠原長重の元禄期（一六八八～一七〇三年）には、魚市場保護のために市場以外での直売買に対し魚売買の独占権保護を申し渡している。

享和二年の記録では吉田宿には魚問屋十三軒、魚仲買五八軒、肴屋九軒があったが、そのうち魚問屋のすべて魚仲買の大部分は魚町にあった。

東海道五十三次の宿場町魚町の魚市（「三河国吉田名蹤綜録」より）

魚市（「三河国名所図絵」古橋懐古館蔵）より

図録中には、「魚町魚市　三河国吉田名蹤《しょう》綜録」と、あわせて参考に「魚市　三河名所図絵　古橋懐古館蔵」が挙げられている。その図中に、人々で賑いをみせる「魚市」の中を大きなマグロが運ばれている（中ほど・左下部）、活気に満ちた場面を引用にあわせて図録より転載させていただいた。

三　わが国各地のマグロ漁

1　マグロ漁の系譜

マグロ漁にかかわる相模国（神奈川県）の事例をみると、東京外湾の海村でマグロが漁獲されていたことはあるが、マグロは外洋性の魚種なので、東京内湾（江戸湾）における海村で、マグロ漁を伝統的におこなってきたところはない。

東京外湾の金田村（現在の三浦市南下浦町金田）では、マグロの洄游がみられ、ブリの刺網に用いる漁網でマグロを漁獲している。マグロを漁獲するための漁網を所有していないことから、東京内外湾におけるマグロの漁獲は特別なこととして位置づけることができる。

三浦三崎では「手釣り」や「延縄」の釣漁によるマグロの漁獲がおこなわれてきたが、三崎瀬戸を挟んだ、同じ三浦市の城ヶ島ではマグロの釣漁をおこなう伝統がなく、主に「マグロ流し網」によってキハダマグロの漁獲がおこなわれてきた。

相模湾側の横須賀市長井ではホンマグロを「手釣り」によって漁獲してきた。また同地ではカジキを「突ン棒」によって漁獲していた事例もある。同じ相模湾側の同市佐島では「延縄」による釣漁がおこなわれてきた。鎌倉市の腰越におけるマグロ漁は「手釣り」であり、近くの藤沢市江の島でのマグロ漁は「延縄」により漁獲されるなど、海村ごとの伝統的漁法にちがいがみられる。また、茅ヶ崎市柳島でもマグロ漁はおこなわれてきたが、「手釣り」か「延縄」による釣漁かは不明である。平塚市須賀では、マグロを「アグリ網」で漁獲したという事例もあるが、「手釣り」によるマグロ漁が一般的であった。中郡大磯町では「一本釣り」によるマグロ漁のほかに、カジキを「つきんぼ（突ン棒）」により漁獲することがさかんであった。二宮町では明治のおわり頃、「子浦マグロ」といって、伊豆の子浦を宿とし、新島近くまで、艪と帆の和船で「マグロ釣り」にいった。

「手釣り」によるマグロ漁（シビとみえる）
（『日本釣漁技術史小考』より）

　小田原市米神では「四艘張網」等の網でマグロを漁獲した。

　真鶴町の真鶴では「竪縄」（一本釣り）によるマグロ漁のほかに、「根拵《ねこそぎ》網」とよばれる定置網にマグロがはいることが多かった。このように、定置網にマグロがはいって、おもわぬ豊漁に恵まれたというような例は、近年でも三浦市初声町三戸の事例などがあり、八〇本ほどの漁獲があったと伝えられる。

以上のように相模国（神奈川県）沿岸におけるマグロ漁の事例をみると、相模国のマグロ漁は東京内湾（江戸湾）および東京外湾においては例外的で、すべてが相模湾沿岸およびその沖合にてマグロ漁がおこなわれてきたことがわかる。また、この地域におけるマグロ漁の漁法にかかわる系譜は、(1)手釣り（竪縄を含む）、(2)延縄の釣り漁、(3)流し網、(4)その他の網漁（四艘張約・アグリ網・根拵網などの定置網）、(5)カジキ類の突ン棒（ツキンボ）漁とよばれる銛による突き漁などによっておこなわれてきたことがわかる。

2　五島有川湾のマグロ漁

竹田旦氏の「五島有川湾の漁業組織」には次のようにある。

鮪を捕るのはシビ網あるいは大敷きという定置網で、いくつかのアジロがあった。この網代の権利、あるいはその所有者のことを「カトク」といい、旧藩時代はそれが知行として認められていた。家督といえば、西日本で家の主要なる田畑を指す土地があることはよく知られているが、ここでは世襲の漁場権を意味し、それが田畑と変わらぬ重要な意義のあるものであった。

明治十九年に分村した北魚ノ目を含めて、魚ノ目には一五のカトクがあり、おのおのアジロを一丁ずつもっていた。

そのうち榎津には、オモヤ・コチノ宿・シダラ・下の宿の四つのカトクがあり、各郷のうちでもっとも秀でていた。このカトク制は廃藩置県のとき、半カクだけは郷持ちにすることにきめ、北魚ノ目では小串《おぐし》・立串《たてぐし》の二郷、魚ノ目では浦桑・榎津・丸尾・似首《にたくび》の四郷で経営することになった。したがって一五家督団は旧藩知行時代の半分だけ保有することができ網代からの収入を郷と折半した。

郷持ちは後に漁業組合が設立されてそれに移されたが半カクの家督はそのまま残った。これでは組合員の福祉をはかることができないといって、昭和八、九年に一家督団二万円の割で組合が買いとり家督制は消滅した。

そのころ榎津では、もとの家督が持っていた半カクの権利を転売したり、分売したりして細分された家督を八軒でもっていたという。五島で浜を家督制で保有していた所としてほかには福江島の岐宿《きしゅく》が挙げられる。ここは浜方百姓と十石百姓との二つにはっきりわかれており、浜は磯も含めて、古来五二名の浜方組全部の家督として継承されていた。

鮪漁は洄游する鮪をミチ網でとらえ、それをシビ網に導き、逆戻りするのはタテマワシ網で廻しとるという仕掛けであった。それにはオカ山見を五人ぐらい必要とし、彼らは魚群（オーガキ、大魚群をイロという）を発見すると、ジャー（采）を振って魚見に合図した。

魚見は一人だけで海上に竹で作ったウキセイロウに乗っていた。魚見は大敷きの沖番一三人の一番大将で、その下に六番まで大将がいた。二番大将をダイクといい、ヒコ網をあげる総指揮役、ヘタノガワヒコに乗り込んだ。三番大将をムコウヤク（向こう役）といい、沖ノガワヒコにいて、ダイクの女房役をつとめた。四番大将は中ヒコノオヤジとかママタキとか呼ばれ、ヘタ・沖の中ヒコにおのおの一名ずつ。五番大将はトモモチ、六番大将はオモテモチで、四隻のヒコ船にそれぞれ一名ずつ乗っていた。ヒコ船はいずれも苫《とま》船であった。

分配にあたっては山見・魚見には三人、ダイクに二人、向こう役には一人半の歩がついた。

鮪の漁期は、春シビと冬シビの二期があった。春は旧四月に敷き入れて、五月末までの二か月間であるが、一番多くとれた。冬シビは八月中、遅くとも九月には敷き入れ、師走に入らぬうちに半カクだけあげ、他の半カクは鮪の見えなくなるまで入れておくならわしで、正月いっぱいはあげなかった。

敷き入れにあたっては、家督団が何月何日に入れたらよいかということを、浦桑の常楽院という禅寺に伺いに行った。これは旧暦六月二十八日、いまは新暦で一月遅れの同じ日に行われ、それをヒミ（日見）という。

取った鮪は、三丁櫓のブエンタテ船という帆船で本土の早岐《さいき》へ運んだ。二、三百匹も取れたりすると、塩に漬けて、馬関・大阪へも持って行った。この船も帆船で、コマワシといった。春シビはすべて煮て、それをしめて油をとったという。カスは肥料にした。昔はアカシを買わずにセキ（肺）の油をたいた。あまり鮪がとれすぎて、アシナカ（足半・草履の一種でかかとの部分がなく、足の半分ぐらいの短いもの〈筆者註〉）を作る暇もなく、鮪一本とアシナカ一足とを換えたという話もある。

鮪の心臓をウシ（臼）といい、えらをキネ（杵）とよんだ。

家督に属するものとして、なおブリタテ網とヒオがあった。ブリは霜月・師走から四月までが漁期で、シビ網の邪魔にならぬようにたて廻した。朝たてて翌晩あげるもので、一網ごとに網代をかえた。ヒオとはマンビキのことで、この網もたて廻しの定置であった。旧八月のキタカゼのころ、カナヤマとよばれるヒオのうちもっとも太い種類がとれ、次にカナブクロ、その次にコメン、終わりに九月、十月にかけてシイラがとれた。

この引用で興味のもてることの一つは、マグロの敷き入れ（定置網）を入れる日を、常楽院という禅寺に行って、伺いをたてるということである。一般には、生産・生業にかかわる神事や祭事（五穀豊饒・大漁満足など）はカミ頼みが多いが、「頼寺《たのみでら》」という言葉があるように菩提寺など先祖の祖霊に伺いをたてて、たのみとする寺に出かけるという伝承が残ってきたことがわかる。

また、多くとれたマグロを煮て、魚油を製造することなど、今日では思いもよらないことだが当時は下魚としてあつかわれていたマグロであるし、流通機構が整備されていない時代にあっては、イワシと同じく、油をしぼり、肥料にするぐらいしか価値がなかったのであろう。

3　マグロ流し網漁

この漁は弘化四年（一八四七）に、常陸平磯沿岸で開始された。それ以前は、もっぱら延縄をもってマグロを漁獲したが、この年ブリ流網をもって小マグロを漁獲することに成功し、爾来マグロ流網漁業はこの地方でかなり盛んとなったとされる（「茨城県那珂郡平磯町鮪流網漁業沿革並ニ主要漁業ノ沿革」）。

だが、この漁業が各地に伝わり、重要なものとなったのは明治二十年代以降のことで、当時は常陸平磯地方のみで行われたにすぎなかったようである。しかも当時は肩幅五尺位の和船に莫座帆をつけ、漁夫七、八名が乗込み、漁場もあまり沖合ではなかった。当時の漁業技術を記した資料がないので、参考のため、明治前期の調査により一応の説明をしておく。

網は六寸目五十八掛、長さ十一尋に製し、これを一反とし、十反を綴合わして一モガイという。総長百十尋を五十五尋に縫縮める。浮子は桐材で沈子はない。漁法は漁船一艘に漁夫十二、三人乗組み、十二モガイを使用するのが普通であった。

まず、魚の通路を認め、日の暮れるのを待って潮流を遮り網を下し、潮に従って流し、船をして網と並進せしめる。大抵、夜半に一回網をあげ、かかった魚を捕獲するのが通例であったが、大漁の時は、数回に及ぶこともあった。漁場は十里内外の沖合であったが、潮に流され、遠く二、三十里沖に及ぶこともあった。（『日本水産捕採誌』）

後述する「城ケ島のマグロ流し網漁」も、この漁法が伝えられたものであろうと考えられるが、伝承資料はない。（97頁参照）

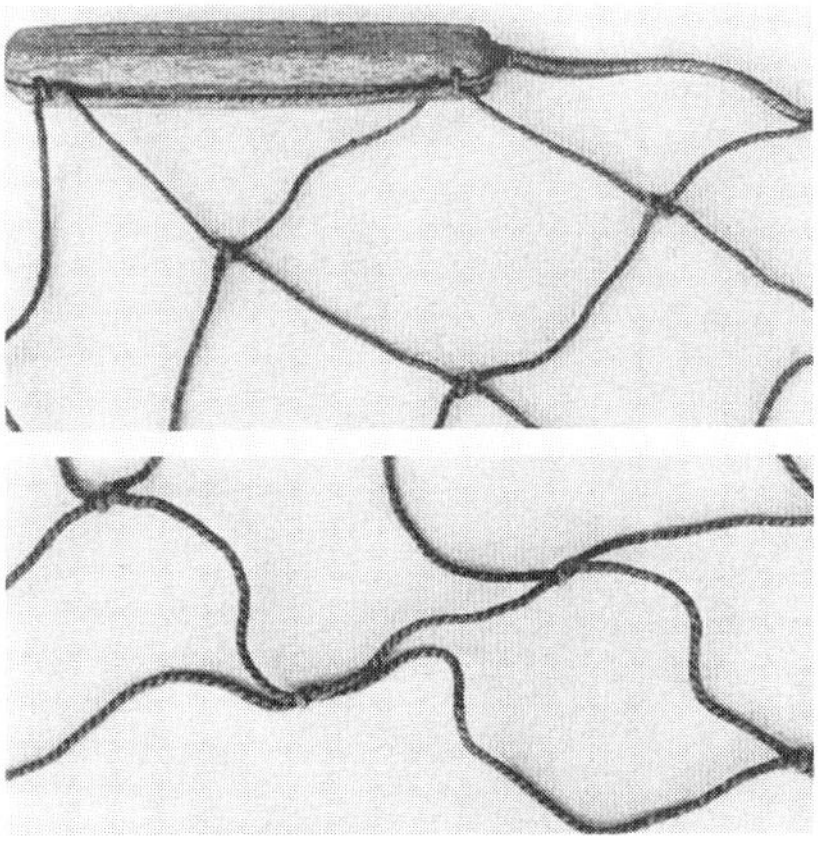

城ヶ島のマグロ流し網
（横須賀市人文博物館所蔵）

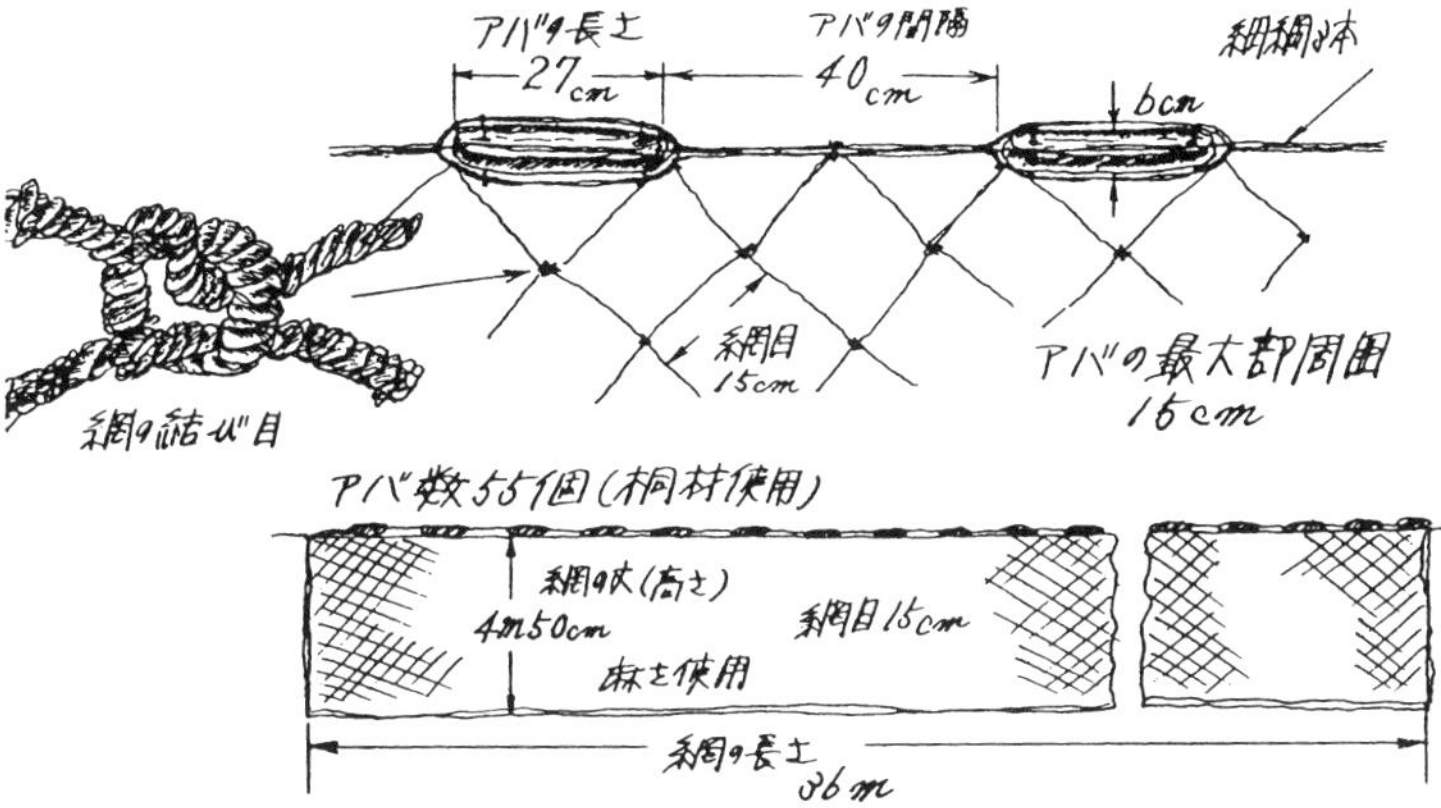

網の長さは「ヒトツ」でアバのついているアバナの長さを実測した.

マグロ流し網（横須賀市人文博物館蔵）

四　江戸周辺のマグロ漁

「マグロ漁の歴史」を書くとなれば、いくら紙幅があっても尽きることがない。それ故、本章では、近世の江戸城下町にかかわりの深い相模国（相州・現在の神奈川県下）を中心にみていくことにしよう。

関東地方（東国）におけるマグロ（クロマグロ・幼魚名はメジ）は秋から冬にかけて房総半島から相模湾沿岸に接近する習性をもっており、この季節のクロマグロは脂がのって美味である。それ故、マグロは十一月から翌年四月頃までが旬で、冬の魚とされてきた。嘉永二年（一八四九）の井伊家所蔵史料『相模灘海魚部』（作者村山長紀・現在彦根城博物館に寄託中）にも「マグロ　夏ハ不佳冬味美也」とみえることは上述した。

東京湾口ともいえる地理的位置にある三浦半島（神奈川県三浦市南下浦町金田）の金田湾小浜では、明治三十年代頃までマグロ漁がおこなわれていた。明治十六年生まれの故老の聞取りによれば、金田湾には、かなりマグロがきたので、ブリの刺網を使って漁獲した。ブリの刺網は一〇間ほどの長さの麻網で、漁網の中では丈夫なもので、網の太さはマッチ棒を五本ほど束ねたくらいであったという。小浜では、マグロがくると村中の者が船で沖に出て、マグロの群を取り囲み

相州三崎のマグロの大漁　大正2年(1913)油壺の沖に諸磯漁業組合が張った定置網にかかったマグロ．当時はまだ魚市場がなかったので三崎の宮城海岸に揚げられた．(当時の絵はがきより・松崎氏発行)

網を使って、波打際においこみ、胸のあたりまでの水深に追い込んでくると、漁師は海中にとびこんでマグロをかかえこんだり、カギを使ってひっかけたりして漁獲したものだという。

1　三浦三崎のマグロ漁

三崎の郷土史家内海延吉氏が地元の漁師からの聞書きをまとめた『海鳥のなげき』より、その有様を引用してみる。

三崎の漁師の間には、「入梅マグロ」と「手釣マグロ」の言葉があった。入梅マグロはここへ（相模湾をさす・筆者註）入梅の頃洄游してくるシビ（クロマグロ）で、手釣マグロとは八月の末からキワダ（黄肌）を一本釣でとったからこの名が生まれた。入梅マグロは延縄で釣った。冬は丸々と肥え脂ものって美味なこのクロマグロも、この頃になるとやせ衰え、頭ばかり大きく尻ッコケとなり、味も落ちて相場も安くなった。だから入梅マグロとは今日で言う印度マグロ、明治の頃東京で言われた仙台マグロと同じく、三崎ではまずいマグロの意味もあった。

その頃の延縄はヒトオケ（一鉢）二百五十ピロ、鈎二十五本付、一艘四〜七オケ、籠入（明治十四年三浦郡捕魚採藻一覧）この縄を順次つないで延ばしていき、縄の初め、つなぎ目、縄の終りにウケ縄を結び、桐の浮（ウケ）をつけ、笹のボンデンを立てる。ウケ縄で延縄の深浅を調節する。延縄はその日の風向で、舟下に入らぬよう右舷左舷いずれかで投縄したり揚げたりした。

手釣マグロは八月のお盆が過ぎ、十月の漁季の切り替えまで、これより外に捕る魚のないため、三崎中の舟はこれに出た。この時季になれば三崎の舟は漁の有無にかかわらず、オラシといって大イワシをブツ切りにして海へオラシた。この餌にマグロが集まると信じていた。またその通り毎年多少の遅速はあるがきっとこのマグロは来たものだ。そして多くの舟が捨てる餌で相当期間この海に留っていた。一種の餌付漁業ともいえるのである。

この手釣マグロは三崎の外、半島西海岸から小田原に至る一帯の漁村からも舟が出た。この附け餌は主にコイワシを使い、小さいほどよいとされた。

縄は一五〇ヒロのヤナを左右両舷の二人で半分ずつ使う。最初は一〇ヒロ位、順次五〇、七〇ヒロまで延ばす。マグロの縄立ちが一定しないからである。この釣の要領は初めの一ヒキでは絶対に合わさず、そのままにしてマグロの食い込みを待つことである。うっかりしている時に引かれ平素の魚の一本釣になれた手が、無意識に合わせて一日一ヒキ千両否何日一ヒキの機会を逸する者もいた。それほど一日の中誰が一度ヒカレルかという程の釣れない漁だった。

ピクリとヒカレても縄を一重からめにして舷に当てている手に魚の食い込みを待つ。ピクピクと何回かのヒキの末、グーッと掌にコタエて来るのを、舷にオラエルだけオラエてから縄を放す。魚はフキミセズ（勢いよく）縄をサラッテゆく。その勢いが一瞬ゆるむ時がある。経験のある者はこれを見て、「マグロが引ッ返したぞ」と言う。すぐに縄をしめる。またマグロが縄をさらう。こうして取ッツ取ラレッしている中に、マグロの勢いは段々弱って来るとアトナ（背後に立って前の者と力を合わせて縄をしめる者）がつく。前の者は立ち膝で縄を肩越しにアトナに送る。最後は銛を打って取るのである。

延縄でも手釣でもマグロはなかなか釣れない魚だった。沖にいて一日中マグロがあがるのを見ない日が多く、それでも港に帰ると、赤い半僧様（漁があったときにつける布のシルシ）がちらちらひるがえって、今日も場のどこかでマグロがあがったのだと思ったものだ。もし沖でマグロを釣るのを見るようなら、帰れば浜は大漁であった。

この手釣マグロの漁季が過ぎると冬のタチバメジが始まるのだが、これは大島沖が主な漁場だったので、小さな舟ではいけなかった。

冬はよくシコイワシのハミが出た。このハミをねらって沖へ出、舟一杯すくって来たり、或いは、このすくったイワシの活ケバエ（生きた餌）でメジを釣った。（メジはクロマグロの小さなもの・筆者註）

また、前掲書にはマグロの「漁具」などについて、以下のような記載がみえる。

鈎を良質の麻にしばる。この麻はコウ屋（紺屋・染物屋）で黒く染めさせた。鈎はシコのカマ（下あご）にかける。

縄は三ヒロ程の竹の先にかけるが、ツッタギリにしばって手に持っている。ツッタギリとは魚が鈎に食うとある程度その力に抵抗し、鈎が口にささって魚が縄をさらってゆくと、すぐ切れるようにした仕掛である。

このメジの大漁で町の景気はパッと燃えあがった。明治三十年代正月の初出に一日一代《ひとしろ》七十五円もうけたという老人が現存している。

三十四年の伊勢松火事（遊郭伊勢松楼から発火）は焼失戸数六百、三崎空前の大火だったが、度々の大火にこりてまた何時焼けるかも知れないと、仮普請同様の建築費五十円～六十円の家は、一日のメジのもうけで建てられたという。

冬のマグロ延縄は今考えると随分沖を操業した。明治八年戸長役場書上によると、長さ三間半巾六尺五寸八人乗の大縄船で、漁場は東は安房布良沖から西は伊豆下田と御蔵島の間となっている。この舟が七丁ッ張りのテントーだったのである。

マグロ延縄の投縄は時刻によって深浅があった。朝マヅメ、夕《ゆう》マヅメは浅く、日中になると深くし、夜間は浅くする。またマグロの種類によっても異る。カジキは最も浅くて浮ケ縄五ヒロ位。この縄は夕《ゆう》マヅメ（テント入れ）朝マヅメ（メアカシ・目明し）を見られるように入れる。

ハエ終ると縄マワリする。ボンデンの笹が動いていたり引込まれていれば、魚がかかっているのでその浮ケ縄から延縄に手をかけ、魚の勢いの強弱に応じて延縄をしめたり延したりして、いよいよ延縄の枝縄に手をかけ、魚を近くに引寄せて銛を打つまでには、相当の時間を要する。小さなマグロならば時間はかからず、魚かぎに引っ掛けてあげる。

マグロも他の魚と同様、鈎に食う時というものがある。これは潮時と密接な関係があった。テント入れの縄が当らないと、コウノ入り（月の入りのこと・光の入り）を見て切りあげようなどと言った。潮流の変りを見ようとするのである。こうして朝晩二回投縄、天候がよければもう一回操業して帰途についたものである。延縄の附近にカジキやマグロがポンポン跳ねることがある。良いところに縄をハエたと舟中大喜びして、ボンデンが今引込むか今引込むかと心待ちしても、ボンデンの笹は、我関せずとさ揺ぎもせずにいる。その中にその群はボンデンをあとにぬけてしまう。ナンダということで、この空ラ縄をあげる力も失せてしまうことがよくあった。これはマグロの位置より鈎が深みに落ちていたので、今ならば魚のいる表面水温と鈎のある位置の水温と異っているという、魚の適水温の問題で解決できるが当時は鈎の餌よりもっと魚の好むエサが海の表面にいると思っていたのである。見えるマグロは釣れないという言葉はこうしてできたのであろう。

マグロの身をおろすと肉の色が変っていて（身がヤケる）刺身に使えぬことがある。市場では一尾ごとに買うので皮の上から肉を鑑定するのは余程の経験を要する。

舟でマグロを釣ると尾バチ（尾ヒレ）を切り取り、頭をたたいて血をはかせ身ヤケを防ぐ。頭はヒシャゲル程よいとされていた。従ってこうした処置がしてあるマグロは値がよかった。延縄に次から次にマグロが食っている場合は、そうする暇がないので、大漁した時市場に揚げると、二束三文に取られてしまうことがあった。

また、同じ三浦三崎のマグロ延縄漁について、『三崎町史』（上巻）によれば、以下のような記載がみられる。

明治の三十年代は三崎の漁師にとって鮪は大きな魅力だった。一攫千金の夢を僅か肩巾七・八尺の和船にのせて、乗るか反るかの勝負に、生命を賭けて、房総沖の高塚一杯（千葉県七浦村の高塚山が海面すれすれになる、距岸二十里といわれた）、清澄一杯（同清澄山が海面すれすれ、距岸四十里）、或は山無しを乗る（それらの山々が見えなくなる）など。冬季波の荒い太平洋上はるかに乗出したヤンノも多かった。

これらの山々は常時見えるわけではない。時折り晴天の日、人々は遠く波に乗る山の影を望んで、はるけくも遠く来つるものかなの感を深くしたことであろう。

延縄を入れるのはテント入れを見るという言葉もある通り、鮪の鈎の釣れる時刻、日没近くとそれから朝だった（夕間詰・朝間詰）。

テント入れを見て天候がよければ舟を流したり、或は帆走して（間切って）翌朝暗い中にまた投縄する。海で朝日を迎へ海で夕日を送ると、今日一日という印象が殊に強い。ああ今日も無事に終った、あすの命もわからないその明日が、今日に続く運命の人々に、親や妻子のいる故郷の方角に日が落ちて、暗い夜が覆いかぶさってくるのだ。始めてヤンノに乗った者はどうしても飯がのどを通らなかったという。

舟の上から鉢巻を取って朝日夕日を拝む老人を昔はよく見かけた。その若いヤンノ時代の習慣なのだろう。彼等の日常は自然を恐れ自然を頼る祈りの生活だった。彼等は常に遭難におびえていた。

旅の港に入って鮪を売り、たまたま遭難の話を聞くことがあった。そんな時、銭湯からあがって、生きている中にうまいものでも食べようと、そば屋や汁粉屋に入り、熱い汁をすすりながら、今度は誰の番かなァと、口へ出してしみじみいったものだという。

夏から秋にかけて鮪は岸近く洄游して来たので、沿岸を働く肩巾四尺そこそこの舟も、ネアシビ（盆から十月五日までの漁期）は、そっくり江の島下を主とした相模湾に鮪の手釣リ（一本釣）に行った。私見ではあるがこのネアシビの漁期は、根《ね》合鮪《あいしび》（年中根で魚をとっている漁期の内、この漁期だけ根を空けて鮪を釣る）の意味ではなかろうか。

八月のお盆が済むと皆船は手釣り鮪に出て幾日鮪があがらなくても、毎日行ってはおらし（鰛を細かくした撒き餌）を下ろした。彼等はこの餌に鮪が集まると信じていたのだ。こうして毎年判で押したようにここに鮪が洄游したのである。

又毎年入梅の頃にはキハダ鮪が相模湾深く洄游してきた。これを入梅鮪と称して延縄で釣った。

この外に夏南風が入るとよくカジキ鮪を銛で突いた。中にはこの突ン棒専業の船もいた。房州の方が本職であったが、三崎向ヶ崎《むこうがさき》、二町谷《ふたまちや》にも名のある職舟がいた。これは二町谷の七兵衛丸が二本銛を考案してから、銛の当の確率が向上したとはいえ、眼と力と技と三拍子揃った銛持と、その銛持と以心伝心銛場に船を持って行ける舵取はザラにはいなかった。

鮪を突く銛持より突かせる舵取の方がむしろ神技だった。突ン棒専門の船が数多くなかったのはそのためであった。全くその時代は経験の集積で体得したカンによってのみ、抜群の漁師の名声をあげることができたのだ。

突ン棒でも延縄でも手釣でも、二・三本以上の鮪をとると艫《とも》に印（のぼり状の舟印し）をたて全員総裸になって、矢声も高々と港に漕ぎ戻って来た。一本位では、船をあげてから帆竿（帆の横げた）に赤い布をつけて艫のたつに立てた。これを半僧様といっていた。

鮪はなかなか釣れない魚だった。

なお、文中に「七兵衛丸」とあるのは石渡七五郎氏所有の船名である。

2　城ヶ島のマグロ流し網漁

北原白秋の「城ヶ島の雨」で知られる三浦市城ヶ島は、昭和三十五年に大橋で結ばれ、実質的に島でなくなったが、明治末期頃からマグロを流し網で漁獲してきた島であった。城ヶ島でおこなっていたマグロ流し網は、キハダマグロを漁獲するもので、漁場は城ヶ島沖と伊豆半島に近い相模灘であった。特に六月十日頃に漁獲するマグロを「入梅マグロ」といい、その時期は漁獲量も多く、毎年出漁した。しかし、伊豆方面の漁民がマグロを巻網で漁獲するようになり、マグロ流し網は衰退していった。

明治末期から大正初期にかけて、城ヶ島でマグロ流し網漁業をおこなっていた船は、和船の六挺櫓あるいは七挺櫓で、夕方の三時頃から沖へ向い、夜間に網を流して操業し、翌日になって帰ってきた。

冬は遭難者もでたが、マグロが五本も漁獲できれば上々であったから、五軒ほどの家が共同出資で網を買い操業した。船のカメは大きく、子供が五、六人ほどはいって遊べたという。また操船は風のある時は帆をはり、櫓をこいで漁場へ出かけた。船の長さは約三間、肩幅は六尺ほど。乗組員は六人か七人。網は共同出資のこともあったが「ウチナカマ」(内仲間)で出資したので、「代分け」などについては、あまりこまかな取り決めをしなかった。普通、船と網を含めて「代」

を三割とした。

漁獲はひと夏に数匹の時もあれば、一日に二〇匹も漁獲できることもあった。一〇匹も漁獲できれば大漁で、その時は沖から大漁の「シルシ」（印）をたてて帰ってきた。当時、百円ぐらいの漁獲があれば、酒を二升ほど買ったり、親戚や子供たちに菓子を買って振舞ったりした。マグロ流し網漁では過去二回、大漁祝をおこない、「万祝」（マイワイ）という反物を出したことがある。その時は親戚一同を集めて御馳走した。

マグロ流し網の漁期は五月頃から八月頃までだが、八月になって漁があれば、もちろん漁期がのびることもあった。

マグロ流し網は長さ二五尋で「ヒトツ」と呼んだ。網は「ヒトツ」「フタツ」と数えた。一艘の船に二〇ほど網を積んで、使用する網数より多く、余分を持っていった。網材には麻や木綿が使われ、麻は三崎で購入した。三崎の商店では東京から仕入れてきた。この麻を「トウジンアサ」と呼んでいた。この網に沈子（イワ）はない。（87頁図参照）

マグロが網にかかっていると、網はオリコンデ（沈んで）いる。網をあげる時は、一人がアバ（浮き）の部分をあげ、もう一人がアシナ（下部の縄の部分）をあげるようにしながら船上にとりこんだ。漁獲したマグロは三崎の魚商「ゴヘイ」「ジンタロウ」などへ売った。

大漁の時、万祝《マイワイ》の反物を出したが、この反物は鯵巻網の大漁祝の時と同じ千葉県勝山に注文して染めた。三崎でも染めることはあったが、千葉県ほどの仕上りにはできなかった。

マグロ流し網漁の万祝着にはマグロの図柄を染めたものがあった。マグロ流し網で漁があったのは、石橋要吉氏（明治二十二年生）が二十二歳から二十六歳頃までの時であったというから明治四十三年から大正四年頃にかけてのことになる。

また、マグロ流し網漁で、漁がないときは「マナオシ」（マンナオシ）といって、不漁なおしをおこなった。不漁の続く時は、同業者の仲間が、漁のない船に酒を一升もっていき、漁に恵まれるように景気づけをおこなったり、漁のある船の者が不漁船に対して「オミキ」（御神酒）をついでやったり、四軒ないし五軒が共同でおこなった。

上述したとおり、伊豆方面でマグロを巻網で漁獲するようになり、マグロ流し網はしだいにすたれてしまった。

明治二十一年生まれの青木広吉氏からの聞取りによれば、マグロ流し網の漁は毎年三月十日頃からはじめ、五月中旬までおこなうもの、あるいは五月いっぱいやるものがいた。

明治二十年頃もおこなわれていたが、明治後期もさかんで、明治四十二年か四十三年の三月十六日、伊豆の網代を根拠地としてマグロ流し網をおこなったことがあった。その日はあいにくの時化《しけ》で、オカ（岡）は大雪であり、網代に帰り、陸（岡）にあがった時は歩行もできないほど雪が積っていた。この日、城ヶ島の金子鶴吉氏が不幸にして遭難し、帰らぬ人となってしまった。それ以後、城ヶ島では遭難を恐れ、マグロ流し網漁をおこなうものが、しだいに少なくなったという。マグロ流し網は、漁船の大きさが、長さ約三間、肩幅約六尺で、七挺櫓。乗組員は六人から七人が普通であった。マグロ流し網は共同で所有したこともあったが、共同の場合はたいてい「ウチナカマ」（血縁関係のある親戚）なので、「代分け」は考えなくてもよいことのほうが多かった。代分けは網と船をひとまとめにして三代、あとの七代を乗組員が分配した。城ヶ島にはマグロ流し網をおこなう漁船が一四艘か一五艘あった。船は長さ三間、肩幅は六尺から七尺ほどの大きさで七挺櫓。流し網の網目は一尺から八寸目、縦二一目（二一尺）、横は二五尋で、船に二〇網を積んで出漁する。網糸の太さ（直径）は約五ミリほどであった。

3　相模湾のマグロ漁

三浦半島の相模湾に面した横須賀市長井では、マグロの一本釣を新暦の十月と十一月の二カ月間おこなっていた。この漁はホンマグロの手釣りで、漁場は小田原前とよばれる小田原に近い漁場まで出かけた。

また、長井ではツキンボ（突ン棒）とよばれたカジキマグロの突き漁がおこなわれてきたことは、よく知られているが、カジキの漁に関しては後章でみることにしたい。

『相模湾漁撈習俗調査報告書』（神奈川県教育委員会）によると、横須賀市佐島においておこなわれてきたマグロハエナワ漁は、明治の中期頃、カツオ一本釣とともに、さかんにおこなわれていたという。近くの芦名村の方が、このマグロ延縄漁を始めたのは先だったと伝えられているが、佐島でも四軒ないし五軒がまずはじめたという。

毎年、十月から翌年二月にかけての冬の期間、カツオ一本釣と同じ船に一〇人位が乗り組み、一艘に二〇鉢ないし二五鉢ほどの延縄を積み込んで、主に伊豆七島周辺を主漁場として操業した。一鉢は二五〇尋で、二〇尋おきに七本の枝縄をつけ、幹縄には、カシワで葉染めした黄麻を用いた。

餌にはイカまたは塩付けのサバなどを用い、漁獲はかなりあったが、冷蔵設備がないため腐りやすく、獲るとすぐに腹わたと鰓を取り去り、海水で洗って急いで最寄りの港に持ち帰った。下田、三崎、野島崎などに水揚げすることが多かった。

一九七〇年頃の調査当時、佐島ではマグロ延縄漁をおこなっている漁師はすでにいないとも記されている。

鎌倉市の腰越、藤沢市江の島、茅ヶ崎市柳島など湘南海岸に点在する旧漁村でもマグロ漁はおこなわれてきた。鎌倉腰越の民俗にかかわる聞書きをまとめた『伊勢吉漁師聞書』によれば、

腰越に、隠居丸という船があった。秋十月から十一月にイワシを切ってマキ餌にして、タテラ《（ママ）》マグロ、キワダマグロを釣るのだ。この漁はエサをさして手に道具を持って釣る。一七貫から一八貫あるから、一本釣れば、旗を立てて帰る。隠居のトウキツァンといって、漁の神様といわれた人の船がマグロを釣っていた。乗組みの者は、めいめい道具を持つのだが、子供

とかちょっと馬鹿な人間によく食うのである。これはマグロが食ったとき、アワしてはいけないのだ。そのとき、トウキツァンの息子、今四十幾つかになっている人が、船で使うタワシを落したところマグロが食った。出刃を落したらそれも食った。それは釣れた魚の腹から出たのでわかった。皆不思議なことがあるものだといった。昭和二十四年か二十五年のことだ。隠居は今は船を売ってしまっている。

また、藤沢市の教育文化研究所が刊行した『江の島民俗調査報告書』によれば、

十月になるとマグロが来る。マグロ漁はなかなか当らないので、普段もそうだが、色々とやかましい。特に、「マグロの縄、船のトモ綱を跨《また》いではいけない」といわれている。大正年間の頃、マグロで百円儲けた人もあった。普通は四〇円ぐらいで、時には何もとれない時もあるので、小さい船で商売している方がとくな時もある。

今日では、マグロは暖い地方でとってしまうので、こっちの方には来ないが、昔は十月のマグロの時期になると、二里から三里ほどの沖へ行ってイワシを撒き、いろいろな船で、競ってマグロをとる。多い人で二本ないし三本釣る人もあるが、一本とればよい方で、一本でも百円くらいになる。〈二〇貫目が百円〉

夕方、漁をすませ帰ってから、マグロのホシとコワタを取る。ホシは丸いオケ〈ケサオケという〉に入れ、最初にお稲様にあげてくる。これを「オボリ《(ママ)》をあげてくる」という。そして、「明日もマグロが釣れますように……」と祈る。コワタは茹で、子どもに食べさせる。夜

になると、昼間マグロがいた所をみてハエナワをかける。それには餌がないので、イカを乾燥させたスルメイカをつける。するとマグロ以外の魚もくいついた。

茅ヶ崎市の柳島の漁師も、次のようにいう。

秋口にはマグロを釣りに出かけた。これも本格的にやったわけではないが、マグロが来たというと、何人かで組になって銘々に出る。餌にはイカの生き餌がよい。マグロは大きいもので鈎も糸もがん丈なものを使う。かかっても船まで引きよせるのが大変。船のそばまで寄せると、モリを打ち込む。弱ってくると船につけて、棒で頭をポクポク打って殺してしまう。

（『柳島生活誌』茅ヶ崎市文化資料館刊）

相模湾の馬入川（相模川）以西における海つきの町や村でもマグロ漁はおこなわれてきた。平塚市の須賀、中郡の大磯町、二宮町、足柄下郡真鶴町の真鶴などである。平塚市の須賀では、漁獲するマグロを四種類にわけてきた。『平塚市須賀の民俗』によれば、

マグロには、クロマグロ（ホンマグロ・シビマグロ）〈クロマグロ〉、メバチ〈メバチ〉、キワダ〈キハダ〉、ビンチョウ〈ビンナガ〉の種類がある。カジキ〈マグロ〉は別である。

クロマグロは昭和十年くらいまで毎年十月半ばに洄游してきて、姥島の沖のセノウミあたりで釣ることができた。最近は全く見られない。大きさによって名前が変わり、一番小さいのはメジカ、三貫目くらいまではメジ、五貫ないし六貫目まではシュウボウまたはヨス、それ以上をクロマグロという。メバチは目が大きくて、丸みのある種類で、旬は十月である。

キワダはクロマグロに比べると安いが、五月から八月が漁期で夏においしい。昭和四十年くらいまでは姿が見られ、アグリ網でとったこともあった。キワダの子はキメジといい、背ビレの長い固体はビンナと呼ぶこともあった。ビンチョウは、五貫ないし六貫どまりの小さなマグロで、わきびれ（胸びれ）が長く、体型もスマートである。身がやわらかく、他のマグロより安い。（中略）

カジキ（カジキマグロとも呼んだ）の類では、マカジキ〈マカジキ〉が六月頃、五貫目から一〇貫目くらいのものが群をなしてくることがあり、モリで突きにいった。刺身として上等で高く売れた。シラ（ロ）カワ、クロカワ、マダラなどと呼ばれる大型のものもいた。五〇〇キロ（約一二五貫目）をこえるものもあり、船にやっとひっぱりあげるようだった。

という。

現在（同書の発刊は一九七九年）は行われていないが、かつては茅ヶ崎の姥島《うばじま》付近や、真鶴沖の二里から二里半のところで釣った。

同書によれば、平塚市須賀のマグロ釣について、次のような記載がみえる。

真鶴沖には柳島（茅ヶ崎）や大磯の漁師も来ており、船がひしめきあっていたという。一艘の船に七人から八人が乗って操業するが、マグロの値が良く、一日一尾でも釣れればよいといった。タレナワとかタテナワといい、手釣りで、ヒモを手に持って釣るが、舟のミヨシには竿を一本だけつけて釣った。

六尋から七尋の深さで釣る人と、一〇尋から一一尋の深さで釣る人など、始めはまちまちの深さで始め、あたりをみて深さを決めた。マグロはヒコ（シコ）を追って歩く漁といい、ヒコをまいてマグロを寄せた。

鈎につける餌はイカやサンマなどを使った。イカは白いから、サンマは光るからくいがいいという。マグロがかかると暴れるので、船もマグロの逃げる方向に動かしていき、マグロが苦しくなって海面に姿を見せたところをモリで突いて船にあげた。モリの柄はカシでできており、トモとオモテにいる人が突く。一日に二匹から三匹釣れたら大漁だった。

神奈川県の中郡大磯町でもマグロ一本釣やツキンボーと呼ばれるカジキ突きがおこなわれてきた。大磯町の漁民の生活をまとめた福田八郎氏の聞書『相模湾民俗史』によると、

> マグロ一本釣　釣ダシは麻三バワンヤー（別名ヤナー）　麻に木綿糸を巻き付ける　時期十月二十日から十一月二十日

とみえる。大磯ではマグロの種類を、キワダマグロ（尾の上が黄色）、メバチマグロ（眼が大きく、身体が平たい）。マシビマグロ（皮が黒い）に分けた。

また、「ツキンボー」については。次のように言う。

> 明治以前は全部半帆船（オショクリ舟・押送舟）で、大正五年始めて機械船に変わった。……中略……大磯のツキンボーが始められたのは比較的日が浅く、明治十年頃から始めたあもんだ。其の時分にやあ、房州勝浦の方へ二十歳から二十三歳頃に修業に行ったもんだ。三年から五年ぐれいで帰ってきて、此等の者によって、ツキンボ漁が始められた。

銛持ちの位置は、一番うめえ者が船の表（へ）に立つ。二番銛は表の前（への前）に乗り三番銛は（へのおもかぢ）に立つ。銛の柄の長さは約一四尺ばけーで、麻縄に銅線を巻き付けた細引（現在は三つ編みワイヤー）を使ってらあなあ。始めの頃にやあ、一本銛だったが何日頃からか二本銛となり、昭和二十三年頃より三本銛（ゴトク型）の物を現在まで使ってらあなあ。ツキダシ、メダシ（ワイヤーを通す所）柄は赤ガシの木の良い所を使用する。白ガシを使うと、水にしづんでしまって、どうにもなんねえ。サアーラやマグロの発見者にゃあ一目を置いて、分け前（シロワケ・代分け）も三割から五割を船元が出す。其の外の分け前は、船子（乗子）が一〇名の場合、一一半に割って、船元が二割半を取る。（ただし、油の代や備品代は別であった。）ツキンボーの時期は、六月から八月二十日までが良いとされてきた。大磯ではカジキの種類を、白カジキ（別名を八両カジキともいう）、マカジキ、黒皮カジキ、メカジキに分けてきた。

二宮町では明治末、和船で伊豆七島の新島付近までマグロを釣りに行ったり、房州の勝浦沖まで泊りがけでアジ、サバを釣りに出かけ、その途中でカジキを突いた。それを、アテンボウとか突ン棒といった。（『二宮の漁業のあらまし』）

神奈川県足柄下郡の真鶴町真鶴では、マグロ竪縄とよばれる、マグロの一本釣がおこなわれてきた。この漁は、大正時代から昭和の四年から五年頃までおこなわれていた。

漁期は秋の九月より十一月までであった。竪縄には麻または木綿（綿糸）を使った。操業は、船上で、手に縄を持っている方法と、三メートルほどの竹棹を持つ場合がある。棹をもつばあいは、「ツッキリ」といって、棹から竪縄がすぐにはずれ、縄がくり出せるように工夫した。

乗組みの漁夫は三人から五人。竪縄の長さは三〇尋から五〇尋の深さまでおろす。その竪縄（釣り糸）の下に、さらにワイヤーを七尋ほど付け、釣鈎をつけるので、全長は六〇尋に近い。餌はサバ、ムロアジ、イカなどを使った。竪縄が潮に流されるので、潮と同じように、船もながす。オモリは使わない。

また、真鶴には「根拵網《ねこそぎあみ》」と呼ばれる定置網があり、文化年間（一八〇四〜一八一七年）から明治四十一年まで続けられてきたという。この網の張立時期は四月より十月までで、漁獲物はメジ（マグロの小さいもの）、マグロ、サワラ、カツオなどが主なものであった。冬の時期の十一月より、翌年の四月または五月頃までのあいだはブリ漁が主であった。

真鶴に近い、小田原市の米神《よねがみ》でも同じように定置網を張立てて、マグロ、カツオ、カジキ、アジ、サバなどを漁獲してきた。根拵網以後の定置網は、大敷網、大謀網、落網などと改良が加えられてきた。また、米神では五月から八月初旬にかけて四艘張網（夏網）でもマグロを漁獲してきた。（『相模湾漁撈習俗調査報告書』）

このように、大磯以西の地域では、定置網をはじめとする網漁でもマグロの漁獲が伝統的におこなわれてきたのである。

五　神・仏になったマグロ

1　須賀利（浦）

三重県の尾鷲市に須賀利（浦）とよばれる漁業集落がある。いわゆる「漁村」だ。

最近の海浜集落はどこも過疎で、筆者が調査に出かけた平成十八年から十九年にかけて、須賀利の故老は、「このところ十数年、村の中で、赤子や子供の泣いている声を聴いたことがない」と話していた。調査当時も、義務教育を受けるために学校に通っているのは小学生一人、中学生一人の二人だけ。集落内に立派な鉄筋コンクリート造りの校舎があるのだが、尾鷲市教育委員会では財政難の関係で休校にしている。したがって二人の児童・生徒は、隣りの地域までタクシーで通学している。もちろん交通費は市が負担しているが、地域で開校し、先生たちを雇用するよりは、安くつくのだと聞いた。

近年は、このように寂しくなった須賀利だが、江戸時代や明治の頃には活気づいた村であった。そのなごりは家並の中央に高宮神社が祀られ、やや西側の高台に、眼を見はるほど立派な曹洞宗・

尾鷲の渡船場にある昭和30年頃の須賀利浦　伊勢湾台風（昭和34年）以前には真珠の養殖をしていたその筏が見える.

普済寺があることでもわかる。

住職の牧野明徳氏は、昭和九年生まれなので、戦前・戦後（昭和十六年から昭和二十年ごろ）のこともよくご存じで、須賀利のいろいろな話を伺う機会に恵まれた。

筆者たちは、平成十八年度から四年間の継続で「日本における漁村・漁業・漁民に関する総合的研究」というテーマで共同研究をつづけてきたのだが、その調査地の一つが須賀利（浦）である。

ところで、日本に数ある漁村のうち、何故「須賀利浦なのか…」「普済寺なのか…」というと、それは、かつてマグロが大量に漁獲された村であること、普済寺の境内に「マグロの墓」が祀られていることなどが、この漁村を有名にした理由なのである。

一般に「マグロの墓」とよばれる石碑は、三重県内だけでも、今日わかっているものが四基ある。その最も古い、「法華塔」とよばれるものが普済寺にある。天保十二年（一八四一）に造立されたものだ。その他には、慶応四年（一八

マグロの墓（法華塔・普済寺）

六八）に建立された熊野市甫《ほ》母町の海禅寺にある「法華塔」、その三は、度会郡南島町奈屋浦の照泉寺横の丘の中腹に建立されている慶応四年（一八六八）の「支毘《しび》大命神」と、同地に併立して造立されている明治十三年（一八八〇）五月に建立された同じ供養碑の名前の「支毘大命神」である。

　これら四基のマグロの大漁碑（供養碑）が祀られているのは、三重県下の熊野灘に面したリアス式海岸の奥まった地に、ひっそりと佇む小さな村であり、寺である。そしてこれらの供養碑（塔）はいずれも、マグロの大漁に感謝し、その亡霊の冥福を祈るために建立されたものであることが共通している。

　次に、上述した県内四基の「マグロの墓」のうち、普済寺境内の本堂前の庭にある「法華塔」が造立されたいきさつについて詳しくみていくことにしよう。

　天保四〜七年（一八三三〜一八三六年）にかけて、全国的におこった飢饉は、「天保の飢饉」として知られるが、どの村も貧困にあえいでいる時代であった。特に耕地の少ない漁村の暮らしは貧しかった。ところが天保十年（一八三九）、マグロの大群が須賀利浦の湾内に入ってきたので、湾の入口を漁網で遮断し、マグロ三七九五尾（本）を漁獲するという大漁に恵まれたのである。

また、翌年の天保十一年（一八四〇）春には、驚くなかれ、三万九〇〇〇尾（本）のマグロの大漁があり、一戸当り九両を全戸に配分したことが藩の役人（山本清蔵・退役後は須賀利浦の庄屋を務める）の日記に記されている。

須賀利浦では天保以前の文政十二年（一八二九）にも約五〇〇〇尾（本）のマグロの大漁があった。浦の有力者であった庄屋の芝田吉之丞（〜一八六一年）が私財をつぎ込んで漁網の工夫、改良を重ね、新たなマグロ網（立切網）を開発したので、その成果が大漁につながったのであった。この吉之丞の努力により、須賀利浦のマグロの漁獲高は飛躍的に伸び、天保十一年には、網方などは一軒一口につき、二五両の収入があったとされる。

さらに、天保十三年（一八四二）の春にも約一万八〇〇〇尾（本）のマグロの大漁があったことが記録に残されている。

供養塔をみると、その刻字に、

（前面）　法華塔
（背面）　天保十二丑春鮪魚得漁事奉謹大乗妙典一部書写造立宝塔仲供養也
　　　　十世代　庄屋　吉之丞　肝煎　孫次郎

とみえる。

なお、これまで述べた須賀利浦のマグロ漁にかかわる漁法や網漁具などに関しては、三重県が明治十六年の第一回水産博覧会（東京の上野で開催）のために制作した『三重県水産図解』（原本

「紀伊国北牟婁郡矢口浦の捕魚ノ図」（『三重県水産図解』より）

は三重県庁所蔵・海の博物館で復刻）に詳細に図示されている。また、『三重県水産図解』中の解説の中に、

　鮪の尾《オバリ》関《(カ)》ヲ左右ノ手ニ二尾ツ、ヲ捕ヘ各船ニ収ム　最モ大魚ニテ一人力ニ應セサルモノハ漁夫自ラ網ニ飛入り縄ヲ掛ケ数人ニテ曳揚ク……

とみえ、同書の「紀伊国北牟婁郡矢口浦の捕魚ノ図」には女性が三人、頭に板をのせその上にマグロを一匹ずつ乗せて頭上運搬している図絵があるところをみると、数千尾（本）といっても大小さまざまの大きさのマグロであったことがわかる。

2　奈屋浦

三重県度会郡南島町奈屋浦（現在・南伊

勢町）の照泉寺《しょうせんじ》（浄土宗）には二基の「マグロの墓」が祀られている。いずれも「支毘大命神」と記されており、建立年代は、慶応四年（一八六八）と、明治十三年（一八八〇）五月の銘がある。

奈屋浦の供養塔も須賀利（浦）と同じく、マグロの大漁に対する感謝と、マグロの亡霊を供養するために建立されたものだが、特筆されるべきことは、照泉寺の本堂には、マグロの位牌が二柱祀られていることである。この位牌には背銘文に「支毘大命神縁由略記」が残されている。以下、中田四朗氏による「奈屋浦における鮪大漁記録から」よりその様子やいきさつをみよう。

慶応四年（一八六八）の春二月に造立された供養塔は、前年の慶応三年三月三日、マグロの大群を荒見《あらみ》（赤見《あかみ》・魚見《うおみ》とも）とよばれる魚群洄游の見張り役によるマグロの大群の発見にはじまる。荒見は魚群の見張り役で、群が赤く見えることから「赤見」の名もある。

奈屋浦では、江戸時代の中期頃からコノシロ（鮗）やボラ（鯔・名吉《みょうきち》とも）の群を二月から五月にかけて見張り、群を発見すると法螺貝《ほらがい》で浦の人々に知らせたり、菅笠《すげがさ》などで合図を送り、船頭は荒見の指示にしたがって操船し、漁網を入れるという漁法をおこなってきたのであった。したがって、魚群を発見した時は、ただちに湾内に群を追い込み、網船は、まず湾の入口を遮断し、魚群が湾の外へ出られないようにすることにはなれていたのである。

この日は、群がるマグロ約三、〇〇〇匹（本）であったため、捕獲するのも大変であった。そこで、大網をもつ、近くの神前浦《かみさき》に応援をたのんだのである。

まず、湾内にとどめたマグロを小さな群に分散させ、岸辺に追い込み、「帰り隅」「行くさ

奈屋浦の照泉寺に祀られている「支毘大命神の碑」　右：地面から260㎝　左：253㎝

浜」などと呼ばれる浜辺で連日マグロを捕獲し三日から十一日まで、九日間を要した。

この、マグロの大漁は奈屋浦のような寒村にとっては、まさに奇蹟であった。マグロの勘定帳の表紙に、「昔今稀鮪大漁勘定之帳」とみえ、その内訳は、収入六、〇〇〇両余であった。

中田氏によると、慶応元年になって社会不安と凶作で米価が騰貴《とうき》し、慶応三年のころは、壱両で僅かに米八升を得るまでに暴騰し、これと同時に諸物価も騰貴し、奈屋浦の人々は飢餓《きが》においこまれていた。このようなとき、マグロの大漁があり、その恩恵で浦人は難局を切りぬけることができたのである。

このため、大施餓鬼を勤修し、一七夜誦経称仏をして冥福を祈り、なお毎年三月三日と春秋の彼岸には「永世退転勤行、追善菩提」をすることを忘れてはならないため、この供養塔を建て、なづけて「支毘大命神」とした、というのである。

また、慶応四年（一八六八）にもマグロが七九尾（本）、四〇七両の漁獲があり、この年も、他の年に比較すれば大漁にはちがいないのだが、なにしろ前年のマグロの大漁にくらべれば、「たいしたことではなかった」ということだったのであろう。

その後、奈屋浦でも、近くの神前村のように、マグロ捕獲のための大網をつくり、普段はボラ漁の網として使用し、マグロの大群がくるの待ったが、マグロの洄游は永らくなかった。以後、マグロの洄游があったのは明治十三年（一八八〇）一月三十日になってからのことで、この時、捕獲されたマグロの数は二、三〇〇〇尾（本）余、価格は一万八千余円の大漁であった。

慶応四年に建立された供養塔のそばにある「支毘大命神」の碑の背面には、「去卯十二月十八日鮪二、三〇〇余頭、其価一万八千円余也」と刻してある。この日付の十二月十八日は旧暦で、その後、暦もかわり、明治十三年一月三十日のことである。

奈良浦の照泉寺に安置されている「支毘群霊離苦得楽起生浄土位」

また、照泉寺に安置されている鮪群霊の「位牌」二柱のうちの一柱の背銘文には「支毘大命神縁由略記」とあり、「昭泉寺十二世住職の根誉《こんよ》大善識《たいぜんしるす》」として、次のようにみえる。

慶応改元乙丑年ヨリ穀価高貴。同三年丁卯孟春《もうしゅん》ニ至テ未曽有ノ高価ナリ。活業・漁事亦少微、殆餓死ニ向トスル際、三月三日ヨリ十一日マデ鮪数凡三千有余ノ多漁ヲ得、価金凡六千両余ナリ。依テ餓死ヲ免ル。故同四年戊辰仲春、石碑新立スル所以ナリ。時ニ住職制誉代。
又明治十二年己卯十二月十八日ニ至り、偶然トシテ鮪数二千三百有余頭、其価金壱万八千両有余ノ巨利ヲ得テ、憂《ゆう》窘（ママ）ヲ免レタリ。是ヲ以テ、更ニ石碑ヲ建テ、邨民《そんみん》ヲシテ永世忘失セサラシメ且ツ位牌ヲ設置シ、香火供シテ晨昏《しんこん》不怠ニ回向《えこう》スル者ナリ。明治十三年庚辰七月

筆者が照泉寺の第十八世長尾浩之住職にお世話になったのは平成二十一年三月十四日のことなので、古いことではない。当時、筆者達は全国で一〇人ほどの研究者が集まり、平成十八年度から二十一年度にかけて「日本における漁業・漁民・漁村の総合的研究」というテーマで調査、研究を実施していた。その三年目に三重県鳥羽市神島の共同研究のフイルド・ワークがあり、以前からの懸案でもあり、照泉寺参詣が実現したのであった。

伊勢市駅前から三重交通のバスで南島町の道方を経由し、さらに町営バスに乗り換えて奈屋浦まで、バスの待ち時間を含めると四時間以上を要したが、車窓からの美しく澄んだ空・山・海の景色が時間の経過を帳消しにしてくれた。

照泉寺にお邪魔して、まず驚いたのは、リアス式海岸の奥まった漁村特有の密集した集落の高台に建立されている寺にもかかわらず、境内が広々しており、こどもがボール遊びをするのにも十分の広さがあるほどだったことだ。それは、この地域の人々の信仰心の深さや、寺院に対する崇敬の念を象徴していること以外のなにものでもないのだと感じた。

ご住職によると、毎年八月十五日と八月二十日の施餓鬼にはマグロの供養もおこなっており、今日では地元のマグロ旋網を主とする水産会社二社がこの供養祭をおこなっている他、金毘羅様を祀る日にも、マグロの供養塔（支毘大命神）の供養をおこなっているのだと伺った。だが、奈屋浦には卒塔婆をあげる慣習はないのだとも聞いた。

もとより、この地の人々は和歌山（県）方面からの出稼ぎ漁民が多かったので、貧しく「他所《よそ》者《もの》あつかい」されてきた経過もあったので、そうした人々に与えられたマグロの大漁は一層大きな喜こびとなり、信仰心（神仏に対する感謝の気持）を増幅させたのかもしれない。

二柱ある位牌の一柱は、墨書により「支毘霊皆蒙慈恩解脱憂苦位」と記された白木の木牌で、年号もなく、全体の高さは六六センチ、幅一〇センチほどであるが、他の一柱には「支毘群霊離苦得楽超生浄土位」とみえる。こちらは立派に漆塗加工された上に、金泥によって記されており総高七七センチ、幅一三センチとやや大きい。

長尾住職によると、最初は白木の木牌に墨書をしたもので供養し、のちに改めて立派な漆塗加工をして金泥文字による位牌がおさめられ、供養されたのであろうと伺った。

六　マグロ網の改良と庄屋の芝田吉之丞

『漁村に生きる』などの著書で知られる宮城雄太郎氏は京都府の漁村の生まれで、全国の漁村を行脚し、全国漁業協同組合学校教授の経歴の持主。この方面の研究者にはよく知られている。同じく同氏による著作『日本漁民伝』は昭和三十九年に全三巻（いさな書房発行・水産社発売）が発刊された。

上巻には「熊野の浦風」と題して、前述した芝田吉之丞（須賀利の元庄屋）が登場する。もちろん芝田吉之丞が漁民伝の中に登場する理由は、苦労をかさねてマグロ網の考案、改良に尽し、村人を貧困から救った業績をたたえたことによる。

『日本漁民伝』は、およそ四五年前に発刊された本であり、古書店でも入手が困難であるため以下に、少々長くなるがその一部分を引用させていただくことにする。

・鮪漁を夢みて・

芝田吉之丞は寛政二年（一七九〇）、紀伊国北牟婁郡須賀利村（現・三重県尾鷲市須賀利）の大前の子として生まれたと伝えられる。この年は、前年からの倹約令が強化されて、備荒貯蓄が奨励された年であるが、漁業の不漁が全国的にあらわれ、肥料としてなくてかなわぬホシカの値段が高騰したため、漁業奨励の必要上「麻苧の類その他船道具の値段はもちろん、水主給金などいわれなく引上候儀致間敷候」というような、物価抑制令のでた年である。

こうした不漁や漁業資材の値上りで、漁村が深刻な不況に見舞われたことは、奥熊野の漁村とて同じであった。吉之丞の家は代々網元の家格であったが、うち続く不漁のため、彼の少年時代にはその網もいつとなく質流れとなり、小前同様の苦しい家計の中の人となったのである。それだけに吉之丞は、なんとかして自分の代に家運を挽回したいと早くから念願していた。僅かばかり残った山畑を耕し、親方の山をかりて炭も焼き、ときには山稼ぎの日傭に出るなど、彼の青年時代は、大網一張をもつ希望だけで骨を砕いて働いてきたといえる。

吉之丞の暇さえあれば海に出る熱心さは、少年のころから持って生まれた性分である。それも村の漁師たちが湾内の磯漁だけしかやらぬのにひきかえ、尾南曽鼻《おなそ》をまわって沢崎や寺島の沖など、黒潮がじかに磯を洗うあたりに出て漁をする熱心さであった。

こうした熱心さは、もちろん家運をおこすという望みのためでもあるが、生きるためには他村の磯の盗漁までする自村の漁師たちのあわれさを、なんとかならぬものかと考える、社会をみる眼から出たものといえぬこともなかった。それは、

わたしに五両の金をお貸し下されば、新規網をつくり、村人たちの働ける漁場の開発をしてみましよう程に……

と、村の素封家に申し入れたことでもわかる。

そのころ、吉之丞は一つの網型を考案していた。それは、ときに湾内までも入ってくるマグロを獲る網であった。村の漁師たちは、マグロが尾南曽鼻につけることを知っていても、磯船しか持たぬ悲しさに、それは自分たちには獲れぬものと諦めてきたのである。

奥熊野でも、大前漁師の仕事といえば、ブリの刺網やカツオ漁であったが、この村ではそうした漁法は発達していない。ときには他村に漁夫として出稼ぎするものはあっても、永つづきはしない気風であった。こうした村人の眼を沖にむけることは、地形を利用した網を考案し、まず自分がよい漁をしてみせるよりほかはない。かくて出来あがったのが、湾入を利用して入込みマグロを捲きとる楯切網である。彼の考案した初めの網の形は不明であるが、新規網でマグロ三百三十尾を漁獲したのは、文政五年（一八二二）十一月であったと記録されている。しかし、漁は永くは続かなかった。網を張りたてても、潮に流されたり、魚群に逃げられたりするときのほうが多かったからである。そうした失敗の連続は、彼を一層網と漁法の改良にかりたてた。初めは九鬼や長島組の錦浦あたりのブリ立廻し刺網などを参考にしたり、浜中籐兵衛の漁法をはじめ各地のよいという漁法は、遠近の別なく出かけて、その網仕立法を学んでは、新規網の改良の基としたのである。こうして骨を削るような一〇年間は急潮のごとく過ぎ去った。

吉之丞さんは知恵まけして、せっかく若い間にため込んだ虎の子を、フイにするぞナと、人の噂するころには、吉之丞はついにコックリ網という楯切網を完成させていたのである。

この大網は、五〇人からの網子のいる大型網であった。一介の漁民である彼の財力では、どうすることもできなかった。吉之丞は再び金策のため方々を駆け歩いた。彼の詳しい新網の目論見をきいてくれる親戚や友人の誰れ彼はこういった。

吉っあん、ご入用立しましょう。けれどそれはお前さんにではない、お前さんの漁熱心にだ。お前さんの漁熱心が実を結べば、村の衆は助かるでのし

言葉は短かくとも吉之丞にとっては、頂門《ちょうもん》の一針であった。常々、「ワシが気狂のようになって網を工夫するのは、ワシ独りのためではない。同じ貧乏に育ってきた村の衆に新しい仕事をつくるのだ」といってはきたが、その心の底に、家門の挽回をと願う心の渦巻きは、もっともっと激しいものであったからだ。

やがてこの新網は、湾内に導き入れたマグロの群を立てきり、数十、数百とまきとる日がきた。そしてその漁利は、金主への返済金と網の償却費を差引いて、平等に分配された。妙なもので漁する日が続けば、それだけ村人の気風はなごやかとなり、ひところ村内の貧乏に輪をかける基であった賭博の風習も、いつのころか影を潜めた。

この新規網の漁法の大要は、つぎのような仕組である。マグロの洄游する魚道の要所に、あら見台を設け、荒掛網を備えつけておく。

マグロが外海から入ってくるのを認めたならば、見張人の荒掛網をもって湾口を遮断し、魚が入ったことを網組に知らせる。この報せをきいた網組は、かねて準備してある網船二隻に水主が

七人ずつ乗り、これに四人の漁夫が乗った手船一二、三隻が従って漁場に急ぐのである。そして網代では吉之丞の指揮に従って、荒掛網の中側に網船の網を下して、マグロを囲み、これを岸に引きつけて獲る。この場合、海岸の条件の悪い網代では、掛留という網をつかって、荒掛けの内を囲み、捕り網という前網でマグロをとりあげる方法であった。

マグロは三貫ぐらいの魚体のものでは手捕りにするが、二〇貫以上のものとなると、漁夫が数名海に飛びこみ、激しく抵抗する魚を抱いて陸にあげるのである。だから、網組のものは屈強の若者でなくてはならず、敏速な活動のためにも、統制力のある船頭が必要であった。だから吉之丞は自らその指揮に直接あたったのである。

この陣頭指揮で、人びとの心にも変化が生まれた。たとえ経営は吉之丞個人のものであっても村人は自らの漁業同様に精をだしはじめたのである。マグロによる漁歩合がはいるなら、樵夫《しょうふ》（きこり）に雇われてゆくこともなく、家族ともども村の中で炊煙をあげることができるからだ。しかし、吉之丞はいつまでもコックリ網を、自分一人のものにしておくことをしなかった。個人経営でスタートしたのは、村網で発足しては、失敗の損害を痩村全体におわせることをおそれたからである。

今はその心配はないと見てとった吉之丞は、天保七年（一八三六）の飢饉が全国の町や村々を襲うころ、これを村民一同に解放することで、飢饉の難から村人を救う策に出た。かくておのれの持網一式を、漁民の協同組織に託したのである。かつて資金の融通をしてくれた人びとの、「お前さんの漁熱心が実を結べば、村の衆は助かるでのし」といった言葉の実行であった。

・木盃と柏の葉・

榎峠を境とする島勝浦（現・北牟婁郡海山町字島勝）が、「鯨漁の栄えたころは大前の者共は身上柄もよく、浦も豊かであったが鯨漁は寂れ、不漁は続き大前の者はもとより小前は飯料にも事欠き」と記録されるころに、かつての陰惨な貧乏村は、天保期の不況をよそに、活きいきとした協同の実を結んでいった。その基礎は天保十年に六万尾、その翌年には七万尾というマグロ大漁におかれていた。

吉之丞はこうした大漁に適応するために、網数を増加し、マグロ漁期には漁家一戸からは一人は必ず出役し、労働力の不足分は働き手の多寡や、暮らし向きの状態を考慮して雇い入れる方法をとった。これは貧窮の中に成人し、貧困の悲しさを身をもって味わってきた彼の、「貧乏の辛さを平等にとり除く」という処世訓からきたものであった。それだけに吉之丞の網組経営は厳格であった。彼は口癖のように、「漁はいつまでも続くものではない。大漁の後には、いつかは不漁の谷がくる」といった。これはともすれば、昔の貧乏を忘れ勝ちな村人への警告であり、自身の戒めでもあった。そのため大網操業の権利を確保するために、藩庁には尾鷲組役所を経て、五十金から百金の運上を納め、毎年漁獲高の三分五厘を割いて積立て、これを凶漁に備えて備蓄したのである。

また、吉之丞は奥熊野のような山林地帯にありがちな、村民の山地主に対する隷属を好まなかった。村中がこうした財力の袖にすがって生きている根性では、凶漁が村を襲えば再び盗伐盗漁の気風が生まれるからである。そのため自ら大型な船をつくって、立切網漁期外の沖漁にと若い漁夫たちを導き、浦の奥の耕地開墾などにも力を注いでいった。

〽ヤンサそれまけ　シビ漁は大漁　沖で鴎が鳴くときにゃ　陸じゃ娘がカネつきける　ヨウホイ

沖では威勢のよい船唄がきこえる。網を揚げる若者たちの手も心もはずむ。それは貧窮の渓間から解放された鼓動なのである。

こうして村の姿の移りかわりにしたがい、吉之丞の財力も大きく蓄積されていった。藩からの御用金仰せ付けに対しても、尾鷲組の富豪土井孔十郎に劣らぬほどの上納金をする身上となっていたのである。

吉之丞は安政六年、七十歳で隠居し、自ら資力を投じて開墾に力を注いできた浦の奥に、新居の普請をした。このとき彼の長年の功を慕う村民は、その徳を称える方法として、協同で積立てきた備荒貯蓄の大部分を割いて贈ることを決議した。けれど吉之丞は、それを拒否して受けなかった。貯蓄はそのような個人の表彰のためにつかわれるものでなく、凶漁に備えるためのもので、いわばそれは山の造林にも似たものだ。みだりに伐るべきものではない。もし余力があればそれは新しい漁法のために、備えるべきものである、というのが理由であった。

そこでやむなく網組総代たちは、組合仲間の寄合をひらいて協議の結果、村の共有林でノナシロと呼ばれている一画の土地を贈り、功に酬いんことを申し出たのである。こうなっては吉之丞も、好意をむげに退けることはできない。そこで彼は、村人の誰れ彼れを問わず、船材や薪木の用があるときは、徒前通りこれを利用するという条件で、漁民たちの報恩をうけたのである。

星移り、時かわって、奥熊野の漁業はその後大きな変化があった。だが、ここに一つだけ変わらぬ行事が残されている。それはこの村の祭典には、氏神に供した神酒を頒つのに、二個の粗末な木盃を用い、魚肉を盛るには柏の葉を用いて、皿を使うことはない。これこそ、そのかみの悲惨であった困窮の時代を偲び、その渓間から救出してくれた失覚、芝田吉之丞の功を永く忘れざらんためであるといわれている。

なお、本章の「五　神・仏になったマグロ」に記載されている年代や漁獲高とのちがいは、『日本漁民伝』の内容が読み物として潤色してある結果による。「五　神・仏になったマグロ」は史料が確かなものだけによることを付記しておきたい。

七　マグロ漁と遭難

1　悲しい記録

画家の青木繁が「海の幸」と題する大作を描いた、安房の白浜に隣接する富崎村の布良《めら》は、江戸時代後期以降、マグロ延縄漁業のさかんな地として知られてきた。

渡辺栄一著『江戸前の魚』によれば、この布良村に残る史料に、マグロ専業者が移住したのは延享二年（一七四五）であり、その隣村の相浜《あいのはま》村の名主「公用日記」の明和五年（一七六八）五月十四日の項に、「鮪《しび》百五十六本取り申候につき、（中略）押送《おしおく》り四艘に積立出船《しゅっせん》いたし候」とみえるという。ちなみに「押送り」とは「押送り船」のことで、当時の鮮魚を専門に輸送する運搬船の名称で、送り先は、当然のことながら魚介類などの大消費地である江戸の日本橋にあった魚市《うおいち》であったであろう。

また、桜田勝徳著『海の宗教』によれば布良村には、幕末以降、明治のはじめ頃にかけて、マグロ延縄船が八三艘もあったといわれる。

この地のマグロ（クロマグロ）の漁期は冬場で、特に江戸（東京）では、「旬で魚を食べる」といわれ、晩秋を過ぎ十一月頃から翌年の春四月頃までとされてきたのであった。この季節のマグロは脂がのって美味であるため、冬の魚とされてきたのである。嘉永二年（一八四九）の井伊家所蔵史料『相模灘海魚部』にも前掲（88頁参照）のごとく「マグロ　夏ハ不佳冬味美也」とある。

毎年、冬場になるとマグロの群が房総半島沖へ接近してきたという。そして、その美味なるマグロを漁獲する漁場はごく近海で、布良の沖にある布良瀬に、「ヤンノー」と呼ばれる和船に帆を張り、櫓を押して沖へ出た。渡辺栄一氏の前掲書によれば、布良村の在地史料中に、「マグロは天保・弘化ころ（一八三〇〜一八四七年）暁天鶏鳴《ぎょうてんけいめい》（夜明けに鶏が鳴く頃）に出漁して、遅くも四ツ時（午後十時）には帰港し」とある。

また、同書には、漁獲したマグロが大きすぎ、「漁獲物を船中に積み込むこと能《あた》はず」ほどの大物が釣れたともみえる。

獲れば売れる。売れれば儲かるとなれば、人は誰しも欲をだし、「わかっていても、やめられない」。危険をもかえりみず、沖へ、沖へと、他の人よりも速く、遠くへと、好漁場を目指す競争がそこに展開されたのは無理のない現実であったろう。

『慶長見聞集』（一五九六年）に「江戸時代の初期の頃、

〈鮪《しび》〉は〈死日に通ずる〉として不吉な魚だとか、〈鮪〉は味が悪く身分の低い人すらあまり食べない。侍衆にいたっては見向きもせぬ、と記載されている。また、幸田成友による『江戸風俗志』（寛政─天保）（『近世風俗志』喜多川守貞の『守貞謾稿』）にも前出の通り「鮪などは甚だ下品にて、町人も表店住者は食すること恥ずる体也」とあって下魚とされてきた。

ところが、江戸時代も後期以降になると、鮪（クロマグロ）は「真黒・マグロ」と呼ばれるようになり、クロマグロだけでなく、マグロ類（キハダ・メバチ・ビンナガなど）を総称してマグロという呼び名が一般的になったことから「シビ」の名前はしだいに使われなくなり、消費量が増えはじめた。

天保二年（一八三一）刊の武井周作による『魚鑑《うおかがみ》』には「シビ」（鮪）の名は「まぐろ」に書きかえられ、まぐろ　京師《きょうと》にはつの身。漢名しれず。清俗黒鰻魚《こくまんぎょ》といふ。しびと一類別種。しびとよふもの。万葉集に、鮪の字を用ゆ。大なるもの、七八尺より一丈許《ばかり》にいたる。黒灰《どぶねずみ》色《いろ》黄点《きぼし》あり肉赤く血点《あかほし》あり。味ひよからず。肥前五島に多し。関東もあり……

とあるが、あいかわらず、味はよくないとされている。

江戸後期以降、増えつづける江戸城下町の人々の食料確保は社会問題でもあり、食料確保と需要に支えられての漁業生産であり、漁業の発達、漁場の拡大であったことはいうまでもない。そして布良におけるマグロ漁は江戸後期から明治期をむかえたのであった。

布良のマグロ延縄（縄）船が明治十五年（一八八二）三月二十六日、伊豆大島の近海で西風の大暴風雨に遭い、四艘が遭難したのである。

だが、布良の漁師は、過去の遭難にもめげず、その後も沖合に出漁してのマグロ延縄漁業はつづいた。その結果、遭難もつづいたのであった。

桜田勝徳著『海の宗教』によれば、

明治十五年（一八八二）の遭難以降、明治四十五年（一九一二）までの三十年間に、約六十艘のマグロ船と四〇〇人をなくしたと思う。

としている。このように、あまりにも多くの遭難者が続出するマグロ延縄漁は「後家縄」と呼ばれたりした。

布良沖（房州沖）のマグロ漁場は沖に出ると、しだいに海岸（地山《ぢ》・陸地）の山が波影で見えなくなり、七浦の高塚不動が祀られている高塚山などの高い山だけしか見えなくなってしまう。「高塚八合」といえば、高塚山が八合目まで見え、「高塚イッパイ」といえば、沖合彼方まで船を押し出し、ふり返ると、高塚山の山頂がわずかに見えかくれする漁場であった。さらにそれも見えなくなると「山なしを乗る」といい、そのマグロ漁場は「後家場」と呼ばれたりもした。「高塚イッパイ」の海岸からの距離は二〇里といわれた。

布良からみれば、それほど遠くないマグロ漁場でも、三浦三崎の漁師からみれば、冬のマグロ漁場はかなり遠かった。内海延吉著『海鳥のなげき』に見える、明治八年の戸長役場書上によると、長さ三間半、幅六尺五寸、八人乗の大縄船で、漁場は安房布良沖から西は伊豆下田と御蔵島との間となっている。

また同書に、「山なしを乗った」ヤンノー乗りの話として、

波の中に朝日を迎え、夕日を送るのは、今日と言う一日が経ったということをしみじみと思わせる。

とみえる。もとより、遭難の史実といった内容の記載は「文化誌」としては、ふさわしくないように思われるが、「生活文化」及びその向上は、現実に直面したあらゆる困難をも克服し、遭難というような現実の不幸を乗り越え、「今日よりも明日が、より明るく豊かな暮らしでありたい」と願い、努力するプロセスそのものが、生活であり、文化なのだと思う。とすれば、こうした希望や営みの母体も文化の一端としてとらえたい。筆者にしても、こうした遭難の状況を、いくら過去のものだとはいえ、筆にするにはつらい思いがある。しかし、事実を後世に伝えていくことも大切なことだと思う。

こうした史実をさらに具体的にみれば、

明治二十六年から三十五年にかけて二十五艘、三十五年には八艘が遭難し、五十一人が死亡。その後、明治四十一年から四十四年までに縄船二十五艘と漁夫一四八人が遭難し、鬼籍に入られたという惨状がつづいた。

という。（前掲、渡辺栄一著による。）

大量遭難を出した背景には、小漁船で沖合まで押し出したことや、操船技術の未熟さ、天候の予知能力など、いろいろな原因があったことであろう。中でも、天候の急変による遭難が多かっ

たことはいうまでもない。

海難事故が多発した布良には、この土地の人たちだけに呼ばれる星の名前がある。その名はズバリ、「メラボシ」だ。「布良星」とは「カノープス」のことで、ギリシア神話に登場する船の水先案内をする星である。

冬の星座の中で、燦然と輝いているのはシリウス。犬狼星《けんろう》（天狼星）である。シリウスの光度はマイナス・六等星なので、ふつうの一等星にくらべると約三〇倍明るい。夜中に近い十一時頃、そのシリウスの南（右下）、水平線上にあらわれる星がほかならぬ「メラボシ」である。

布良の漁民に「シケ」（時化・暴風雨のために海が荒れる）がくることを教えたのが「カノープス」で、この星が南の水平線上にあらわれると海が荒れる前兆であった。したがって、出漁をおもいとどまれせるのだが、真夜中に近い時刻にならなければ現われない。

わが国では、冬の季節、太平洋側に高気圧がはいだし、冬に晴天が続いた後には、低気圧が荒れることが多い。「メラボシ」（カノープス）は、この季節に高気圧がはい出し、よほどの晴天でないと見えない。一般に「星がまたたく」のは、大気圏内に異常があるためで、空気の流れがあるためだといわれるので、そうした状況を早く察知することが遭難を未然に防ぐことになった。

遭難者を多く出したこの地では水死体があがらない仏も多かった。そうした人たちの魂が昇天して、天上で輝く「布良星」になったのだと伝えられてきたのだという。

三浦三崎では、「気象を予知する」ことを、「陽気を見る」といった。よくいわれるように、漁民の暮らしは、「板子一枚下は地獄」で、船板の下の海底は千尋にもおよぶ。漁場が近く、昼間の漁であれば、一艘の僚船が漁をしまえば、多くの場合、近くにいる他の船も皆これに従うのが普通だが、マグロ延縄漁の場合は沖合での漁場が多いため、しかも夜間にかけてとあっては僚船の影すらみえない。

天候を予知し、風を早くのがれて逃げ帰れば安全だが、その分、漁利を逸することになるのはしかたがない。「こんな時、真先に切りあげるのは、我が子兄弟を多く乗組ませている船頭で、肉親への愛情が判断を曇らせるのだ」と前掲書『海鳥のなげき』にみえる。

普通、親や兄弟など家族がそろって一艘の漁船に乗ることはない。遭難を恐れてのことである。分散して船に乗って操業していれば、万が一、遭難にあっても、家族全員が不幸にあうということはないという配慮からであり、こうした事態をできるだけ、さけるための知恵でもあった。

しかし、逆に、風が少々強くなってきても操業をつづけ、大漁に結びついた度胸のいい船頭もおり、漁師仲間から羨望の的になったり、村の大きな話題や伝説的な話になることもあった。

房総半島の南端に位置する七浦の白間津では、ごく近年になっても、「マグロ縄船は二〜三日沖どまりの漁をしていた。危険な操業だから、どの家も長男は乗せない。」(『磯笛のむらから』)という記載が印象的である。そして、やりきれない想いが読後に残る。

2　茨城県大洗地方でも

マグロ漁がいかに危険と背中あわせであったか、また、マグロ漁業や、その生産をささえてきた家族の悲しみを知ることも、マグロに賭けて一攫千金の夢を捨てきれなかった、マグロに生きた人々の暮らしを知るうえでは大切なのだともいえよう。

明治四十三年（一九一〇）の三月十二日、茨城県の大洗地方に、天候の急変によるマグロ漁船の大遭難があった。『三浜漁民生活誌』（伊藤純郎著）によれば、同日、千葉、茨城の海上を突然大暴風雨が襲い、とりわけ那珂湊沖で操業中の漁船には大遭難をもたらした。

漁船二十八艘、死者行方不明者四百三十七人（平磯二九〇人・湊一〇七人・前浜四〇人）に達した。（碑文には、磯崎一六・前浜四〇・湊一〇七・平磯二七六の四三九人とみえる。）

漁期がマグロ漁の時であり、マグロ流網漁はもともと沖合で営まれたものだけに、しかも前日までの大豊漁と当日好日和だったために、よけい大損害をもたらした。

とみえる。また、同書に揚げられている新聞記事「三浜実業新報」（明治四十三年三月二十五日版）には、「遭難船四十八艘（湊町にて十五艘、平磯町にて三十三艘）」とみえることから、その後、遭難した船数、被害数が増えたのかもしれない。

当時の海付きの村や町は、けっして豊かな暮らしをいとなんでいるとはいえなかった。そうした暮らしに追討をかけるように、働き手を失った遺族たちの生活は困窮をきわめた。

この地の華蔵院《けそういん》の境内に、当時の漁船遭難者の碑が建立されている。同書のページを繰ると、どのページからも、どの行間からも当日の惨状と、人々の嘆きや悲しみが読みとれ、行間に涙が溢れ、零《こぼ》れ落ちる思いである。以下、同書から、当時の様子を引用させていただく。

大和田某の家は遺族一〇人、老父は盲目で、十二歳の子も目が不自由である。それに七歳の女の子は体が不自由で家には働くものが一人もいないという悲惨さである。

川崎某の家は弟と二人が遭難死亡し、遺族には病身の老父と継母、妹弟四人と年若い妻が七歳と二歳の幼児を抱えて一〇人の遺族の生活は困窮をきわめ、少しばかりの田畑を質入れしてもどうにもならなかった。

大内某は五年前に長男が遭難溺死《できし》し、今回は己が遭難死亡し、遺家族は妻が十六歳の子を頭に五人の子女と、生まれたばかりの乳呑子を抱え働き手を失って残された七人の家族が路頭に迷った。

黒沢某は弟二人と一家族三人が遭難し、遺族は老父母と四人の弟、一人妹、妻は二人の幼児を抱え、八人の遺族は生活の主柱を失って茫然とした。

そして海岸の砂浜には肌をさす寒天に、乳呑子を抱えた年若い妻が、夫の名を呼び絶泣する姿、三人の息子を一度に失い、気の狂わんばかりの年老いた父母が、子らの名を交互に呼び、天を仰ぎ、磯にうづくまり、兄や弟の名を呼び悌泣《ていきゅう》する姿は、まさに地獄もかくやと思われた。

気が狂った若いかみさんが、赤ん坊を小脇に抱え、「政やん　政やあん」と呼びながら、海に入って行く。大波にぶっつかりながら、どんどん入って行く。

茫然と見ていた岸の人らが、我にかえって飛び出してゆく。早くつかまえねばと夢中で海へ飛び込んでゆく。鼻に水でも入ったか赤ん坊がするどい叫び声を出す。先に行った人が、素早く赤ん坊を高く持ち上げる。もう一人が若いかみさんを引き戻そうとするが、気の狂った者の力は、すごい力で加勢を呼び、五つ六つの子どもらも、母親を追って泣きながら海へ入っていく。

こんな状況が浜の至る所で見うけられたのであった。この大惨事をひき起こした要因として、漁船構造が板張りの和船であったこと、櫓漕ぎと帆走に頼っていたこと、避難すべき港がなかったこと、などが指摘され、以後、西洋式漁船へと改良、石油発動機の取付け、漁港建設へと近代化事業が成された。漁船の改良と動力化は急速に進み、大正期以降、漁船の大型化と漁業の遠洋化を促進し、那珂湊漁業を大きく前進させた。（中略）

これらの無動力和船から動力化船の転換は、漁場の拡大、漁獲高の増大をもたらした。

著者はこれらの内容を、佐藤次男『那珂湊の歴史』（宮崎報恩会　一九七四年）、薄井源寿『平磯町六十五年史』（一九七二年）などからの引用だとしている。

近年はこうしたマグロ漁業にかかわる不幸な遭難は激減したが、それでも過去の史実を筆にするのは悲しい。

華蔵院《けそういん》境内薬師堂脇の「遭難漁民追薦の碑」（高さ約 4 m・幅1.5m）　華蔵院は瀧王山とも号す真言宗の寺で県下屈指．碑は水戸出身の横綱「常陸山《ひたちやま》」書による．

八　マグロ漁〈漁船〉の遠洋化

マグロ漁の遠洋化とは、マグロ漁船の大型化ということにほかならない。大正期から昭和初期にかけて、比較的沖合の八丈島あたりでカツオ漁を主におこなっていた漁船が、大型化、機械化された鋼鉄船に変わり、あわせて無線連絡ができるようになると、より沖合での安全操業が可能になり、しだいに遠洋化に拍車をかける事になった。それには政府の政策的な応援があったことも当然であった。

かつて、マグロの水揚げ日本一を誇った三浦三崎の三崎小学校の校長室に、古い一枚の絵図が揚げられているのを見たことがある。今日では、この絵のことを話題にする人もいないのだが、その古い額縁に納まった絵というのは、三崎を基地にしたマグロ船が、沖へ、沖へと漁場を拡大していった航跡図を描いたようなものなのである。

現在でも健在なその絵図は「前漁区五十年」と記され、八丈島附近の海が昭和十一年に鰹漁場であることや、同年には、小笠原諸島や北マリアナ諸島近海一帯が鮪漁場であることが描かれている。また、

輸送状況　押送船（七丁櫓）三隻　動力船一隻　能力五、八〇〇貫

などの添え書きもみえる。

昭和十一年（一九三六）といえば、漁港「三浦三崎」にとって記念すべき年で、マグロ延縄漁船の「相洋丸」が建造され、その雄姿を三崎港の岸壁にあらわし、町中の話題をさらった年だ。そして、それより五〇年前といえば、明治二十年（一八八七）の事が添え書きされていることになる。

昭和十一年頃になると、マグロ漁場が拡大されたことは「マグロ漁船の近代化」でもふれた。三崎漁港は東京・横浜をはじめとする都市近郊の大消費地をひかえ、その地のりに恵まれたことにより、遠洋漁業の基地として発展をとげてきたのである。

こうした、時代の潮流の中で、この時代にあわせたかのように昭和十一年の秋口、徳島県日和佐町出身の鈴江秀松氏らが所有する「秀吉丸」（約一〇〇トン）がサイパン島周辺の漁場で操業し、大いに水揚げをのばしたのである。「徳島県関東地方出漁団」はこの頃、三崎に「徳島氷部」という製氷施設を設けるほどの盛況をみせた。

この新漁場開拓の先頭に立ったのは、同じ秀吉丸の第十二号の船頭をしていた清水茂氏と伝えられている。

昭和十一年頃のマグロ延縄漁場は、当時、小笠原諸島や北マリアナ諸島が好漁場と認識されてはいたものの、これらの海域よりはるかに漁獲高がある漁場が南洋方面（サイパン島方面）にあることがわかり、新漁場の開拓につながった。

やがて、徳島県ばかりでなく、全国各地のマグロ延縄漁業者がこの方面の漁場で操業するよう

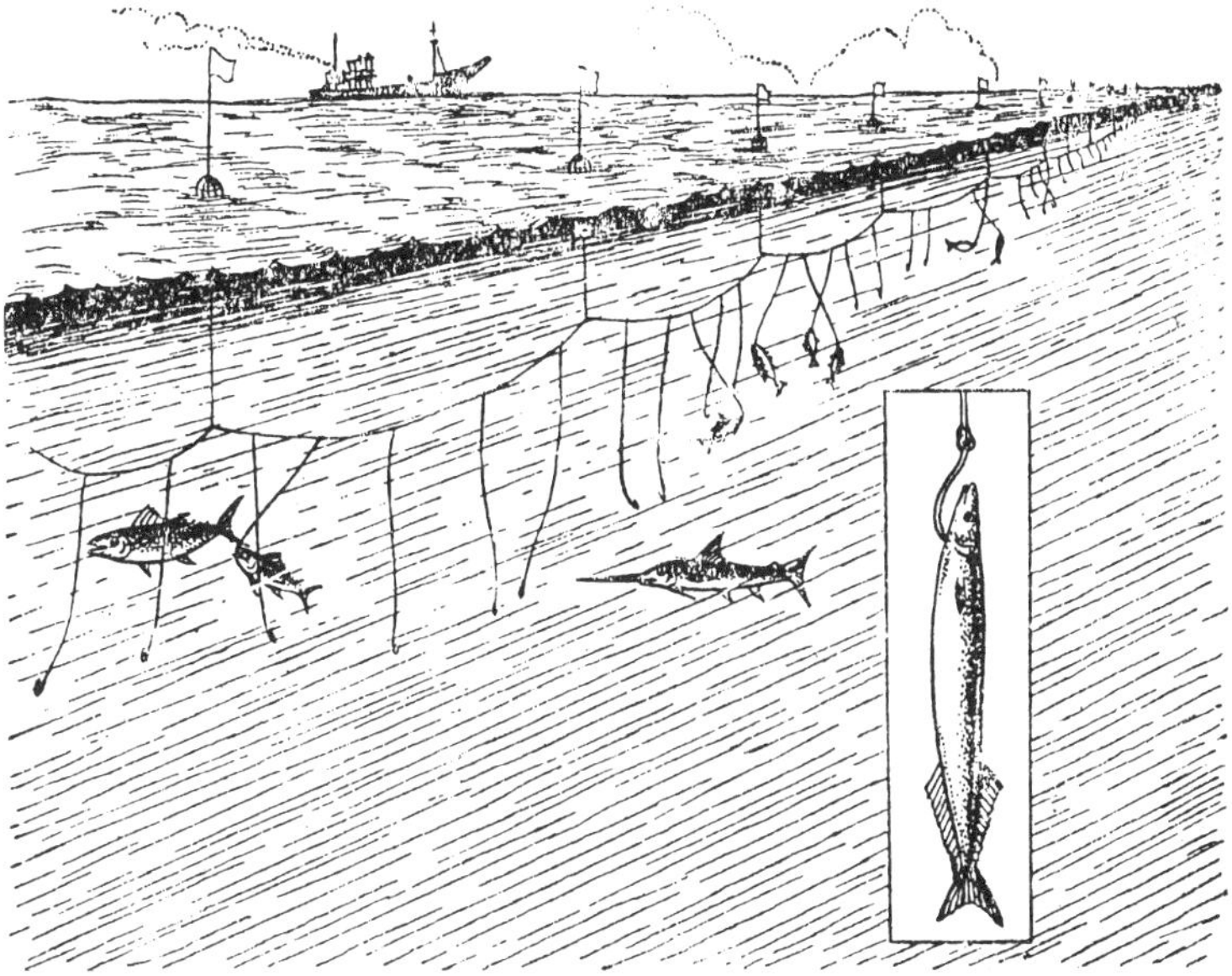
マグロ延縄漁　カコミは餌につけたサンマ（『漁業ものがたり』法政大学出版局より）

になり、その結果、三浦三崎はますますマグロ遠洋漁船の基地として栄えた。宮城県気仙沼のマグロ漁船主畠山泰蔵氏の令息である畠山啓次氏も、「この新しい漁場に競って進出、参入するため、それまでの木造船を鋼鉄船に変えた」と筆者に語った。

以上のように、マグロ漁業を中心とした、わが国における遠洋漁業は、昭和年代にはいり、漁船の大型化、鋼鉄化、機械化にあわせ船内の施設、設備はもとより漁具の改良等も加わってさらに発展をとげた。

昭和十年以降、北マリアナ諸島方面の漁場の開拓につづいてパラ

マグロ船の出港を送る　昭和12年（1937）（『目でみる三浦市史』より）

オ諸島、トラック諸島の周辺海域、昭和十三年頃には東カロリン・西カロリン諸島の附近まで漁場を拡大していった。

国際的な視野から見ると　わが国は大正三年（一九一四）八月第一次世界大戦中のドイツに宣戦。イギリス艦隊の応援を得て当時、ドイツ領であった南洋諸島を占領したことにはじまる。

松岡静雄著の『ミクロネシア民族誌』によると、その「総説」で、大正三年十月七日、「ポナペ島を占領した」と記し、あわせて、「この群島は一八九九年まではスペイン領であったが、同国がアメリカ合衆国との戦争に敗れた結果、維持するのが困難になって、マリアナ群島（グアム島を除く）及びパラオ群島と共にドイツに売り渡したもので、ドイツはそれ以前の一八八五年来占領してきたマーシャル群島とあわせ、一八九九年より、南洋保護領と名づけて支配してきたのである」と。

こうした世界的な時代の潮流と史的背景があり、大正九年（一九二〇）、日本は国際連盟から赤道以北の旧ドイツ領「ミクロネシア」を委託統括領に認めさせ、実質的な領土支配をおこない大正十一年（一九二二）にはパラオに南洋庁を設置した。それ以後、日本人による南洋進出熱はさらに高まり、昭和十年（一九三五）の国勢調査では、この方面の日本人は五一、八一一人となり島民約五万人を凌いだ。（『太平洋諸島百科事典』太平洋学会編・一九八九年）

日本は翌年の昭和十一年、国際連盟を脱退、それまでの委託統治領は「南洋群島」として日本領土に併合し、支配するようになったのである。昭和十一年は、このように、わが国が領土拡大にあわせて南進政策をしだいに進め、実質的に領土拡大をはかっていた時代であった。

ところが、こうした陸地や漁場の拡大も、太平洋戦争の終結と共に終った。日本の旧信託統治領は終戦とともにアメリカ軍の軍政下におかれ、昭和二十二年（一九四七）よりアメリカを施設権国とする国際連合の戦略信託統治領になるに至った。

この間、わが国では戦後の各種の混乱にあわせて、深刻な食糧難にみまわれた。その原因は国土の荒廃にもあったが、戦後、海外からの軍人の復員、引き揚げ者による人口の急増などによるものであった。政府は、食料不足の解消に対処するため、まず、第一次産業のための政策をうちだす必要があった。政府の肝煎で「一三五トン型」とよばれるマグロ漁船が次々に建造されたのもその頃である。

昭和二十三年（一九四八）頃になると、戦前・戦中に開拓したマグロ漁場を知っている漁業者たちにより、再びマグロ漁業が再開され、その水揚げ量の増加は、国民の食糧難を大いに緩和させることになった。

しかしこの頃は、占領政策として、マッカーサー・ラインと呼ばれる沿岸一二カイリ内海域の行動制限があり、マグロ漁場はかなり制限されていたのである。それでも当時の占領軍はわが国の食糧難にかんがみ、遠洋漁業のうち、

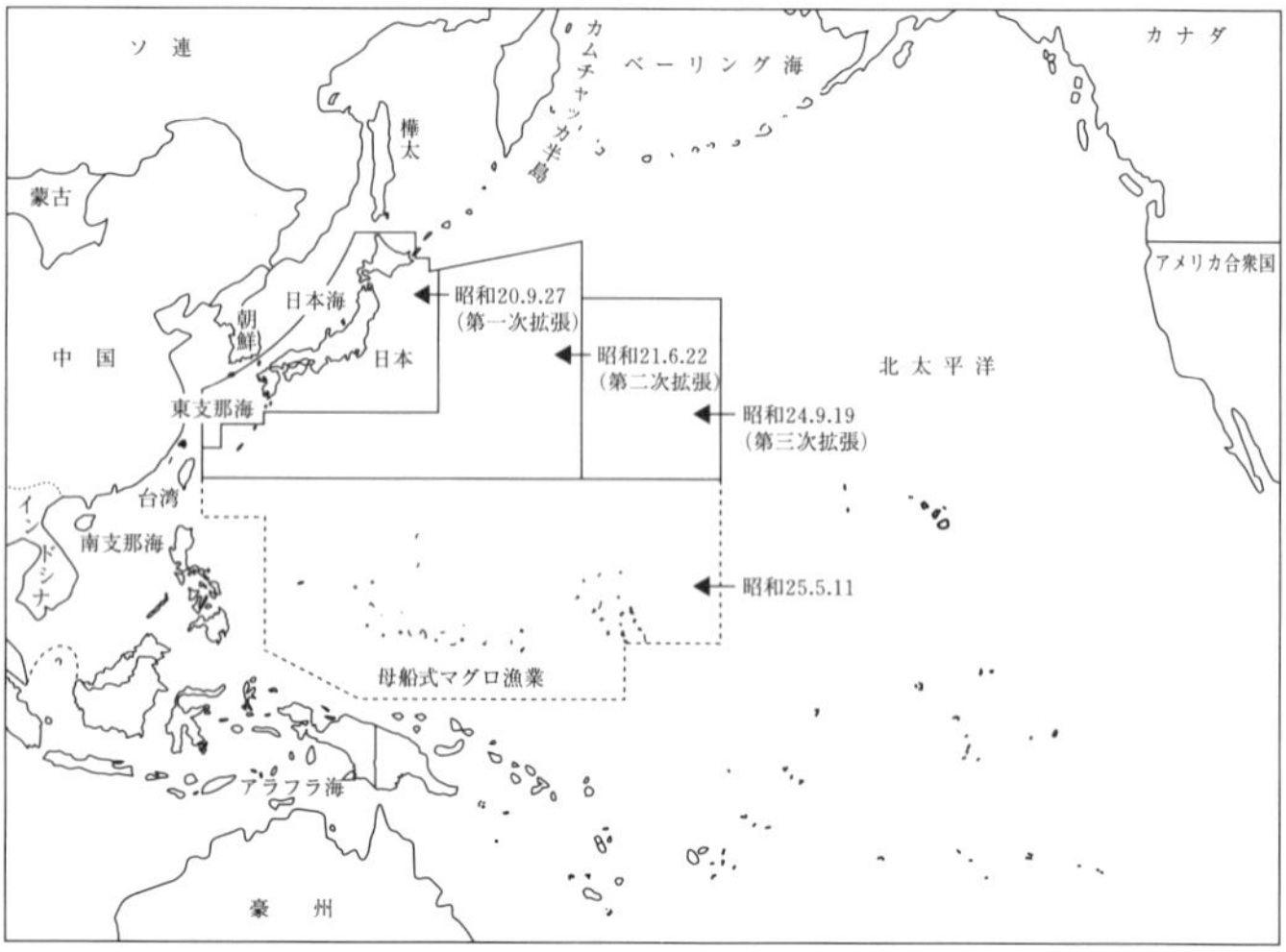

マッカーサー・ライン（「漁業制度改革に関する研究会」資料・小沼勇講師提供）

マグロ延縄漁業は比較的早期に制限緩和が占領軍によってとられ、昭和二〇年から二四年の第一次から第三次の漁区拡強許可が下り、さらに昭和二五年には特別許可区として母船式マグロ漁業許可区域が南洋海区に許された。このことはわが国の水産業復興とカツオ・マグロ漁業の将来に大きな意味をもつ。すなわち、昭和二十七年のマッカーサー・ライン撤廃によっていち早く漁場拡大への対応ができ、その後二年から三年の間にインド洋と太平洋全域にマグロ延縄漁業を拡大する勢力を培ったとみてよい。

とみえる。（『マグロ—その生産から消費まで』）

このように、マッカーサー・ラインは昭和二十六年（一九五一）のサンフランシスコ講和条約調印後にとりのぞかれ北太平洋及び南太平洋でのマグロ延縄漁船の操業が可能になった。

ところが昭和二十八年になると、アメリカの水爆実験により、マーシャル群島方面のマグロ漁場の操業ができなくなったため、オーストラリアに近いチモール海のチモール島附近やバンダ海のバンダ島周辺方面、オーストラリアの東西部方面に進出するマグロ漁船が多くなり、あわせてインド洋のマグロ漁場の開拓もおこなわれた。ちなみに、マグロ延縄漁船がインド洋へ出漁したのは、昭和二十八年以降、昭和二十九年にかけてのことであった。

以後、マグロの漁船もさらに大型化され、操業範囲も拡大されると共に、昭和三十二年頃にはスエズ運河から地中海、大西洋へ、また太平洋を越えてパナマ運河から大西洋、ブラジル沖の漁場へと世界へ拡がっていったのである。

九　マグロ漁船の近代化

明治三十一年に施行された明治政府の遠洋漁業奨励法や同三十八年の同法改正などによる後押しもあり、その後しだいに漁港の修築や漁船の動力化はすすめられたものの、実質的に、その効果が出はじめたのは大正にはいってからであった。

昭和三年に神奈川県が刊行した資料『吾等が神奈川』によれば、「今や大型船を建造し、県下遠洋漁業の先駆を為すに至れり」として、小田原が神奈川県内では最もはやく大型船によるマグロ漁をおこなったとしている。

この時期、木造和船のマグロ船（ヤンノー）が大正三年から四年にかけて、続々と動力船に切替えられ、新しい遠洋の漁場をめざしたのであった。同書によれば、「就中《なかんずく》、小田原町、古新宿の漁業者は勇敢にして、僅に肩幅六尺の漁船を艤《ぎ》して遠く伊豆七島沖より、西は伊豆半島の西南端妻良《めら》、小浦に及び、東は房州沖合に出漁し、鮪延縄その他深海魚の漁獲に従事したりが、今や大型発動機漁船を建造し、県下遠洋漁業の先駆をなすにいたれり。」とみえる。

また、同「遠洋漁業」の項においては、「鮪延縄漁業は最近長足の進歩をなし、豆南諸島、御蔵島及八丈島附近より銚子沖合に至る距岸百五十海里乃至二百海里内外の区域を漁場とし、十月より、五、六月までの期間三崎港を根拠とし、二十屯以上の発動機付大型漁船を使用し、之に従事す。而して終漁後其の漁船の約半数は三崎以北に転じ、釜石港を根拠として北海道釧路沖を中心として、択捉島沖より室蘭沖に至る一大漁区に出漁を試み、八、九月より十月または十一月中旬まで従漁す。斯くして殆ど周年漁業に従事するもの漸次増加の傾向にあり。」とみえる。

そして、この記述を実証するような、聞取り調査の結果があるので、次に紹介したい。

筆者は三浦市の三崎中学校に社会科の教師として赴任した昭和三十六年頃、漁業や漁民・漁村など、海とかかわりをもって暮らしてきた人々の歴史や社会、文化といったものを調べたいという強い意欲があった。「貧しい人々をいかに幸せな暮らしに導くことができるか…」という「貧しさからの解放が学問的な重要課題」だと考えていたからである。

その後、「名もなき人々でも一生懸命に暮らしている。そうした人々の暮らしや、生きた証しを記録にとどめたい」という関心に変わっていった。この間に学生時代からの研究テーマである、漁業・漁民・漁村の社会学に取り組んでいたが、当時の日本社会学会の潮流は、個人研究から、より広範囲なフィールドや研究のテーマを対象とした共同研究に移行しはじめていたため、一人で三浦三崎で頑張ったところで、とても学会の第一線的研究を凌駕するのは無理だということを悟った頃でもあった。

赴任する以前に田辺寿利先生（東京水産大学教授・東洋大学大学院教授・日本社会学会会長）から、三浦三崎の郷土史研究や民俗学にたずさわっていた内海延吉先生を紹介していただいており、また、水産庁水産資料館長や日本常民文化研究所理事の桜田勝徳先生とも知己になることもでき、しだいに民俗学にも興味をもつようになり、多くの関係書を読んでみた。

その結果、民俗学の関係者との交流も深まった。当時、相模民俗学会に所属していた丸山久子氏（元柳田国男秘書）の紹介で日本民俗学会の会員に加わることができ、個人研究で日本民俗学会でもやっていけるという自信をもつに至った。このような経過をたどり、研究テーマもしだいに民俗学サイドの内容に変わり、世の中も変化していった。すなわち、それまでの伝統的な漁業をとりまく社会的、経済的な構造の変化がそれであった。このままでは、伝統的な漁業社会は崩壊し、古い漁撈習俗は煙滅にきしてしまい、伝統文化を伝える漁撈用具やそれを使った技術も消えてしまう。「今、民具を調査・研究・保管しなければ消えてしまう…」という危機的な思いがしだいに強くなっていったのである。

したがって、漁業に関心があるといっても、資本主義の波に乗り、拡大再生産をおこない、企業化していく漁業資本や経営にはまったく興味がなかったといってよい。

筆者が三浦三崎で駆出の教師をしていた頃の日本の三大マグロ漁業基地といえば、まず筆頭に神奈川県の三崎港、静岡県の清水・焼津港、宮城県の気仙沼港であった。その後、筆者が昭和四十五年に横須賀市博物館に移る九年間のあいだに、焼津は三崎をぬき、マグロの水揚高が日本一になった。

その頃、気仙沼のマグロ船主畠山泰蔵氏にお会いする機会を得た。泰蔵氏は気仙沼の名門「カクジュウ（十）」の当主で三崎に支店（営業所）を置き、畠山啓次氏が関東地方をまかされていたが三崎に足を運ぶことも多かったのである。泰蔵氏は啓次氏の厳父にあたる。

「ヤンノー」と呼ばれていたマグロ延縄の木造漁船も、大正時代に入ると櫓漕ぎの船から「機械船」に変わり、木船から鋼船に変わる時代を生きてきたのが泰蔵氏であった。筆者の手もとには、マグロ漁業の近代化にともなう聞取りの結果は、泰蔵氏からのものが唯一残っているにすぎないのは前述のような理由があったためである。

以下、泰蔵氏（明治二十八年十一月七日生）の回想、聞取りによるものである。

・明治三十年代の中頃まで、和船は〈ゴザ帆〉という畳表の帆を使って沖へ出た。当時の船はゴザ帆（ゴザッポ）何枚というように表現して、船の大きさをあらわしていた。普通は三〇枚とか三三枚で、〈ゴザッポ何枚船〉といった。大正の二年から三年頃になると〈ハンプ〉と呼ばれる木綿地の帆も使用されはじめ、帆と六挺櫓が使われた。当時の気仙沼としては、このぐらいの大きさの船は、最も大きい船で、帆と櫓を使い、一六人ぐらいが乗組んで沖のカツオ釣に出た。漁場は宮古、小名浜、常磐《じょうばん》あたりの沖までであった。

・大正時代の中頃になり、一年のうち夏漁はカツオ一本釣を旧暦の五月から旧暦九月までおこない、冬漁はアブラザメの底刺網漁をおこなった。底刺網の漁場は和船で帆や櫓を使っていた頃は四時間も五時間もかけて漁場へ着いたがその後、大正二年から五年頃、機械船になってからは半分の時間で漁場へ到着することができるようになったという。

アブラザメは竹輪や蒲鉾焼（板付）などの原料になるため、話者宅でも加工業を兼ねていたと聞いた。また、アブラザメは肝臓が大きいので油をとるにもよく、鰭《ひれ》は乾燥して中国へ輸出された。

・当時の底刺網は網材が麻であったため、クヌギの皮をはぎ、それをたたいて煮つめた汁で網染めをおこなっていた。その後、木綿材の網が使われるようになった。

・櫓船が機械化されるようになると、スクリューを付けるため、船のトモが改造された。はじめは電気着火を大船渡の矢沢鉄工でつけた。大正二年から五年頃にかけてのことである。昭和のはじめには、それが有水式の焼玉エンジンに変わり、その後、焼玉エンジンは無水式になった。

・電気着火の機械船になり、沖の漁場へはやく到着できるようになると、カツオの時季にビンチョウ（マグロ）一本釣もあわせておこなえるようになった。マグロのウキには、長さ三尺ほどの桐材を用いた。すべて地元でつくったものである。

・また、この時代になると、それまではおこなわれたことがなかったサンマ刺網漁を新暦の九月より十二月頃までおこなうようになった。

話者の家では昭和五年から六年にかけて、無水焼玉エンジンを搭載した三五トンの八幡丸を建造した。そして、その頃からカツオの漁期だけ三浦三崎に来て、カツオの群を追って北上する漁をおこなうようになり、またあわせてマグロ（近海のメカジキ・サメ類などを含めた）

延縄を秋から、十一月、翌年の三月から四月まで「ウラ作」にマグロ漁をおこなった。乗組員は三〇人ほど。

・またそのころ焼津で入手した海宝丸（中古船・八トン）で昭和六年から八年にかけて操業した。漁場は銚子沖から三陸沖にかけてであったが、漁船の大型化、機械化により漁場も拡大し、三重県沖より、三陸沖まで、北は八戸沖より釧路沖までカツオを追うようになった。秋になると、クダリ（下り）ガツオが寒流に押されて帰ってくるのを漁獲した。

気仙沼港初の南方マグロ延縄漁船（精良丸）の進水式　昭和11年３月（畠山啓次氏提供）

・昭和十一年に第一精良丸（木造船九九トン）を建造した。精良丸の進水式の最中に婦人の溺死体を見つけたが、船頭の伊藤東哲氏は、この遺体を拾いあげ、ねんごろに弔って出港したという。小山亀蔵著『和船の海』によると、「その年、カツオが五万尾という大々漁に恵まれ、前の船での不振を挽回、五回も万祝いを盛大に行ったということで、その時、〈海で遺体を見つけたら絶体見逃すものではない〉という昔のタトエを聞かされたものであります。

とみえる。

その後、海晃丸《かいこうまる》（一二五トン）で、カツオ漁が終ったあと（裏作といった）はマグロ延縄をおこない、この時はバチ（メバチ）・キワダ（キハダ）・カジキ類を漁獲するために内南洋（マーシャル群島・ニューギニア近海・東ミッドウェー）に出かけた。『和船の海』によると、「徳島県（牟岐《むぎ》）から船頭をよんで、いまの南洋縄の当地における先駆者となった」とある。当時はまだ船に冷凍施設も完備していない時代だったので、サイパンに途中入港し、増氷《ましごおり》した。畠山啓次氏によると、当船頭はその後、七精良丸（三〇〇トン）の船頭を務め、三浦三崎の人となり土となったと伺った。一時、畠山家は七艘もの漁船経営をおこなっていた。

以上、聞取り調査をもとにみたように、わが国における遠洋マグロ漁業は、初期の段階ではカツオ漁の「ウラ作」でおこなわれるようになり、昭和十五年から十六年頃になるとマグロ漁専用船が建造され、一年中、マグロばかりを漁獲するマグロ延縄漁に移ったのであった。

三浦三崎でも昭和十一年二月に、鈴木徳次郎氏をはじめ、三崎在住者一〇人が共同出資し、一七〇トン（二二〇馬力）の「相洋丸」が港に雄姿をあらわした時は、町中の話題をさらったという。この船の船長兼船頭が後述する奥津政五郎氏であった。

この船もマグロ延縄漁船で、内海延吉氏は「昭和二十二年に一三〇トン（二五〇馬力）の新船でも優秀船といわれた。それより十年も前の話だ」と記している。

十　マグロに賭けた男たち

1　マグロ漁師・寺本正勝さん

和歌山県はマグロの水揚げ量が多い。それは、黒潮本流が熊野灘の沖を流れているためだ。したがって、熊野市、紀伊勝浦、串本町にはマグロ・ハエナワ漁業に従事する漁業者も多く、和歌山の魚はマグロとして、「県の魚」に決めているほどである。

和歌山県の「魚」は「マグロ」というお墨付きをいただいて以後、紀伊勝浦や串本町といった観光地には、マグロをメインにした料理屋も増えた。マグロにかかわる料理屋が増えれば、その食材の良し悪しにも差がでるのは当然のことである。特に生鮮食材（刺身）となれば、なおさらである。

そんな串本の町に、「どこの寿司（鮨）屋入っても、愛想よく迎えられ、それでいて、歓迎されないというか、恐わがられている人」がいる。マグロを知りつくしている男、寺本正勝さんがその人だ。マグロにかかわる漁業者で寺本さんの名前を知らない人はいないといっても過言ではな

恵比須顔の寺本正勝氏
（串本町和深の自宅にて）

いほど、全国的に知名度が高い。

寺本さんにお会いした際、筆者は、「以前、柳田国男という、民俗学者がおりまして……」その人は、話しを伺う際（聞取りの時）、まず最初に、「あなたが、これまでで、一番嬉しかったことで思い出されるのは何ですか……」といって、話をきり出すのを常としておりました。「寺本さんは、いかがでしょう……」と伺ったところ、たちどころに、「漁師にとって、なにが嬉しいかといえば、やはり大漁です。魚さえ釣れれば、それまでの苦労は、すべて忘れてしまいますよ……」という返事がかえってきた。

筆者は以前、三浦三崎で「漁場拝見」というテーマの取材で、各種の漁船に同乗させていただいたことがある。その時の経験から、「沖の仕事は、陸上で思っているよりも、すべてが大変であること」を体得している。体力がいるのはもちろんだが、魚群を探すためや、海況を判断して安全に操業できる知力がいる。根気もいる。陸上の仕事に比較すれば、そのエネルギーは倍以上にもなろう。

ましてや、船頭（漁撈長）・船長となれば、乗組員の健康管理から船が港に入るまでの仲買人（魚問屋）との連絡、漁獲物の処理、氷の注文、各種の手配など、営業、経営面にまで気をくばらなければならない。体力・精神力など超人的でないと、この仕事は務まらないといっても大袈裟ではない。

そうした、沖での「マグロ釣り人生」を続けてこられた話者の寺本正勝さん（昭和十三年八月二日生）に、これまでの多くの嬉しかったことの中でも、「特に嬉しかったこと」について、そのいくつかを伺ってみた。

昭和四十二年の秋（十月初旬）のことだった。その時は、釜石漁港を根拠地に、三陸沖でマグロ・ハエ縄漁場に向かっていた。この時季、釜石の魚市場は、まだ、近海マグロの水揚げも少なく、品薄の状況であった。したがって、マグロが釣れれば、高値で取引できるのは確実であった。

話者は船頭（漁撈長）兼船長。本人を含めて五人が乗っている、一四トンの小型マグロ船を「安崎丸」という。安崎丸はマグロの延縄漁の際、できるだけ生餌しか使わないように務めてきた。そのため、まず最初に餌のスルメイカを釣る仕事がある。

その日も北緯三九度から四〇度（三九度は陸前高田・大船渡、釜石は三九度一五分、魹ケ崎《とどがさき》〈本州最東端の岬〉は三九度三〇分に近い）あたりの沖合でイカ釣をおこなっていたが、夕方には餌のイカ釣もおわった。

普通、マグロ・ハエナワ漁の常識は、朝の七時頃に延縄を入れ、午前一〇時頃になると投縄は終る。その後、夕方の四時から四時半になって縄を引きあげる（揚げ縄）までは休憩、仮眠する。漂泊の時間だ。昼間の時間帯、乗組員は仮寝しても、船頭・船長は、そうもいかない。まとめて寝ることもできないので、三時間ぐらいずつ、二回に分けて寝るのが習慣になってしまっていたという。通常は、夕方の四時から四時半に延縄を揚げはじめ、夜中の一時頃に終了するのが普通の操業ということになる。

ところが、その日に限って、餌釣が夕方に終わってしまったので、投縄まで、丸一中夜あいてしまった。あまりにも長い時間を無為に過したくないと思った船頭は、乗組員に、いつもとは逆に夕方の四時頃から投縄をはじめるように命じたのであった。投縄を開始した頃は、夜中に縄を延えてもマグロが釣れるかどうか、まったく自信がなかった。しかし、夜中の一一時頃に縄を揚げはじめて驚いた。今までの操業時間帯とは、まったく逆なのに、次から次にマグロが釣鈎にかかり、あがってきたのだ。これまでの操業の常識をやぶる体験をしたのである。

漁場は、釜石港まで、全速で帰れば、約四時間ほど沖の海域であった。釣ったマグロが魚艙（船倉）にはいりきれず、「デッキ積み」にしなければならないほどであったという。

「デッキ積み」とは、捕獲したマグロを、まず、木槌を使って頭部の急所をたたき、血抜きし鰓や内臓をとり出し、マグロで最も値段のつく腹部の周囲にあたる、大トロ・中トロと呼ばれる脂肪の多い肉質がいたまないように、氷を腹の中につめこんで、「身やけ」を防ぐための応急処置をしてからデッキに並べることをいう。

巷説かどうかわからないが、「マグロは遊泳している時の体温が四〇度近くあるらしい。それ故釣りあげてからそのままにしておくと、肉身がいたんでしまうので、船上にあげたら、すぐに神経をころし、内臓を取り出し、冷えた水や氷につけ、体温をさげ、肉身のいたみをとめる」のだという。

こうした船上作業をしているうちにも、船長は、釜石港にいる魚問屋と無線で連絡をとり、漁獲したマグロに氷を加えるなどの処理の準備をしなければならない。その日、水揚げされたホンマグロは、大型のものばかりで一一本。釜石の魚市場にマグロが品うす状況もあったためか、水揚げ高は金額で三六五万円になった。丁度、一年間の日数と同じなので、今でも忘れないという。

寺本さん所有の安崎丸は、串本の坂本造船所で七〇〇万円で建造したヤンマー一二〇馬力の三代目。船名の由来は、自宅がアンザキという小さな半島の上に建っているため、屋号を「アンザキ」と呼ばれてきたことによる。

この日、ひとばんの水揚げで、安崎丸建造の費用の半分を稼いだのだ。「一番よかった…、一番嬉しかった…」と想い出すのは、当然のことといえよう。それもそのはず、筆者はその当時、公立学校の教師をしていた頃だが、一ヶ月の給料は三万円に満たなかった頃のことだから…。

マグロ・ハエナワ（延縄）漁という漁法は、漁具が運動会の「パン食い競争」のような仕組でつくられている。幹縄とよばれる一本の太い縄に枝縄をつけ、三三尋おきに六本吊す。これを「ヒトハチ」とよぶ。

もう少し具体的にみると、まず、目印となる「ボンデン」（浮き）から水深六尋ないし七尋ほどの浮縄の下（横）に幹縄を延える。この幹縄に三三尋の間隔をあけ枝縄が三本つけられている。枝縄の長さは九尋から一〇尋なので、横の枝縄にからまることがないような長さにしてある。枝縄の先端には、サルカンとよばれる縒戻《よりもど》し具や、釣鈎が付けられ、餌はスルメイカを使う。枝縄の中間にガラスのビンダマを付けて浮かし幹縄のバランスを保つ。そしてまた、三三尋おきに枝縄が三本つく。最後にまたボンデンを立てる。これがヒトハチである。したがって、ヒトハチの幹縄の長さは二三一尋。一尋を約一・五メートルとすれば約三五〇メートルになる。この幹縄を一七マイルから一八マイルも流す。一マイルを一・六キロとして、約二七、八キロの長さになる。約八〇パチの幹縄が必要になり、ヒトハチに釣鈎が六本つくので、約五〇〇〇匹に近いスルメイカの餌が必要となる。餌のイカをそろえるだけでも大変だ。

どこを見てもマグロばかり
上：紀伊勝浦駅　　下：同駅前海産物センター

マグロの生餌となるスルメイカは、昼間の漁だと水深一〇〇メートルもの深さに生息しているので、五〇〇〇匹もの餌を釣るのにも苦労がいる。夜の漁は集魚灯を使う。

餌のスルメイカは、イカのミミの部分に釣鈎をかけて吊すような形状になるが、釣鈎にかけるときは、ミミの部分の骨（スジ）をはずしてかけるのがこつだという。

話者はマグロの釣鈎を徳島県と高知県の境に位置する甲浦の小松釣鈎製造所（二軒ある）より

購入し、使用してきた、と伺った。

わが国におけるマグロをはじめとする釣鈎の形態には、伝統的に三種類があり、この地域では丸型のものが使用されてきたが、このような釣鈎の地域差は漁業者自身のつくりだした伝統的形態のちがいではなく、江戸時代後期以降の商品流通による商圏のちがいかも知れない。

その他、話者によれば、漁船は全国どこの漁港に入港しても港の駐船料や使用料を支払うことなく、歓迎される側にあるという。その理由は、港に漁獲物を水揚げして、地元の経済を活性化し、利益をもたらすばかりでなく、次の航海をするために食料、燃料、氷などの他、あらゆる日用雑貨を購入しなければならないし、乗組員の休息も必要になるため、漁港はあらゆる面で活気づくためだ。

ところで、串本における一般的なマグロ・ハエナワ漁業者の一年間の生産暦をみると、毎年、七月頃に串本漁港を出港し、東北地方へ向う。そして、十一月三日の文化の日を目安に帰港するのが普通だ。十一月初旬に串本港に帰ると、翌年三月頃まで、地元の沖合で、ビンチョウ・キハダ・メバチの他、カジキのハエナワ漁をおこなう。この時の餌は冷凍物と呼ばれるムロアジ・サンマ・サバなどが使われる。

そして、三月にはいると、再び、地元沖合のホンマグロのハエナワ漁となる。この漁は五月いっぱいまで続けられるが、五月の終りから六月にかけて、マグロの抱卵時期になると、マグロの肉質も良くなく、しかも、「ラッキョウ・マグロ」と呼ばれる名の通り、痩せてしまう。また、マグロはこの時期に産卵するので、マグロの市場価格もさがる。

それ故、この時期は大東島から奄美大島方面の漁場に出漁することもあった。この時の水揚げは串本港まで船で持ち帰るのが普通であったという。大東島から串本までは二中夜で帰ることができた。約半月ほどの航海になる。この時のマグロの餌は冷凍物のサバ・ムロアジ・サンマ・ソウダガツオなどが使われた。


その後、昭和五十五年ごろにもマグロの大漁に恵まれたことがあった。釜石を出港した後、津軽海峡でマグロ・ハエナワ漁をおこなっていたが、ここ数年、津軽海峡は青函トンネル工事のためか、水揚げはおもわしくなかった。そこで、この年は津軽海峡を通過し、新しいマグロ漁場を探しながら日本海を北上。利尻島、礼文島に近い漁場に船団を移動させることにした。

マグロ漁は本来、自由に操業できるものだが、北海道には各支庁ごとに海域漁業調整委員会によるルールがあるので、それぞれのルールに従わなければならない。

利尻島、礼文島の西南には「ムサシ堆《たい》」と呼ばれる漁場がある。この漁場は、かつての大日本帝国海軍の時代に、戦艦武蔵が付近を航行中、異常な波頭のある海域を見つけ、その水深が八メートルから一〇メートルほどで、付近は好漁場であることが確認されたため、命名された漁場だ。

この漁場に向かった時は話者が四代目の安崎丸を建造した頃のことであった。この船は、やはり地元の串本にある長通造船で建造した。ＦＲＰ（強化プラスティック）製・一九トン・五〇〇馬力。前の船と同じように乗組員は船長を含めて五人。以前とのちがいといえば、この頃は話者がずっと船団長を務めていることだった。その年は夏の八月から十一月まで石狩湾沖の漁場で操業した。留萌（海域）支庁などは、他県から来るマグロ船を受け入れてくれたので、羽幌などが船団の基地になったため、二〇艘ほどのマグロ船が集結した。

そんなある日、いつもと同じように、夕方の日の入り前から夜にかけて餌のイカを釣るために沖合二〇マイル（一マイルは約一・六キロ）ほどの漁場でイカ釣をはじめたが、さっぱり釣れない。餌がなければ、すべてが始まらない。困っていると、夜中になって、比較的沿岸で餌のイカ釣をしていた千葉県の僚船から、イカが多いとの、無線連絡をうけた。

しかし、二〇マイルは遠い。全速でも漁場まで二時間近くかかる。だが、船長は決断した。そして、僚船に、「すぐに沿岸のイカ釣漁場に向うので、集魚灯を消さないでほしい……」と。時計の針は、夜中の一時半をさしていた。

カムイエト岬（カモイ崎）近くまで全速で走ったかいがあり、約半時間ほどで餌のイカを、運よく入手することができた。しかし、再びマグロの漁場まで戻らなければならない。

あわせて、マグロ・ハエナワ漁は船団を組んで集団操業をおこなっているため、船団長である話者が、投縄時刻を遅らせるわけにはいかない。

しかし、話者は最後まであきらめなかった。努力の結果、漁場には早朝の四時に戻ることができた。船団長は全船に、「今朝の投縄は三〇分遅らせてもらいたい」と無線で連絡した。常日頃の話者の人徳もあり、すべての僚船からの不満もなく、快く了解してくれた。そして、朝の四時半にハエナワを入れ、六時半に投縄は終った。夜中の時間がこんなに速く過ぎるのも、久しぶりのように感じた。投縄が終り、やっと昼頃まで仮眠することができたのも束の間、一二時過ぎには縄をあげなければならない。

この日は、超多忙であったが、その詮《かい》があり、釣れたホンマグロは二五本、水揚額は一四七〇万円であった。

この海域で漁獲したマグロは小樽の魚市場か美国の市場に揚げることが多い。この時はたまたま美国に水揚げした。

マグロ・ハエナワ漁にかかわる漁具も、新製品の開発により、素材など、大きく変わりつつある。今日では、幹縄はナイロンを使用するようになった。したがって軽すぎて、浮いてしまい、深い場所に延えることができないのでオモリをつけるようになった。

枝縄も、これまでのワイヤーに変わり、呉羽化学が開発したフロロカーボンが使われるようになり、石狩湾沖で操業し、ホンマグロを一回で二五本釣りあげた時は、フロロカーボン一六五号の枝縄を二五本、それより細い一三〇号の枝縄を二五本使ったところ、太い縄の一六五号には二五本ともマグロが釣れていたが、細い方は、すべてが切断されていたという。このように、経験をもとに試行錯誤しながらの操業を繰り返すことになる。その後、枝縄の材質はワイヤーから、すべてが太いフロロカーボンに変えられたという。

新製品の登場で、設備投資にかかる資本も大変だが、安崎丸の大漁で、石狩湾周辺の漁港ではその恩恵をうけた「夜の店」も多いのだろう。また、マグロ・ハエナワ漁の、これまでの経験からすると、マグロが大漁であると、必ず、その後はシケ（時化）になるという。ようするに、シケの前は、よく、マグロが釣れるというのだ。

話者は家業としての漁業を、はじめから継いできたのではない。父親の寺本安一さん（明治四十年ごろの生まれ）もマグロ釣をやっていた。話者が小学校一年生の年に終戦をむかえた。その後高等学校までは地元で過したが卒業後、大阪に出て総合食品卸売商（会社）に就職し、二十一歳まで都会でサラリーマン生活を続けていた。この間、串本の実家では、三歳年下の弟である勝次さんが父親を助けていたが、父親は口には出さないが帰って来てもらいたいような様子を伺わせたので、思いきって串本に帰り、三人で家業を続けるようになったのだという。

当時のマグロ漁船は五トンであった。それが八トンになった時は種子島方面へ三人で出漁したこともあった。以後、五〇年、マグロ漁と共に生きてきた。そして昨年、古稀を迎えた。

一航海でマグロを六〇本も七〇本も釣ったこともある。年間平均一〇〇本のマグロを釣りあげたとしても、五〇年間で五〇〇〇本だ。話者は、謙遜して、「二〇〇〇本は越すかな……」というが、筆者はその倍に近いマグロを釣りあげているとみている。

お別れする間際に、「座右の銘」について伺うと、サクセス・ストーリーにふさわしく、「すべてのことに全力投球でのぞみ、最後まであきらめない。手抜きをしないで、やるだけのことはやる…。それが悔を残さない人生だと思います…」という言葉と、恵比須顔の笑がかえってきた。

2　マグロ仲買・鈴木金太郎さん

『鮪漁業の六十年』（内海延吉編）という本がある。

副表題に「奥津政五郎の航跡」とあるように、内容は、「一漁夫から身を起し、当時代における日本の鮪漁業界の第一人者となるに至るまでの奮闘努力と、文字通り荒海を征服した波乱万丈の貴重な記録」である。「立志伝」といってよい。

個人を顕彰している内容ではあるが、それ以上に、「あとがき」で編者も述べているように、この本は、神奈川県三浦三崎の「漁業風土誌と人物誌」を兼ねた物語なので、当時のマグロ漁業にかかわるオーラル・ヒストリーでもあるのだ。

例えば、三浦三崎では、昭和十一年二月、同町在住者一〇名の共同出資により、鮪漁船「相洋丸」が建造された。当時は四〇トン、五〇トンから一〇〇トン未満の木造船が多い中に、一七七トン、二七〇馬力のこの超大型船が、港に浮かんだ時、町の話題をさらった。その船の船長船頭として、このマグロ業界にレビューしたのが奥津政五郎さんだったのである。やがて主人公は、「功成り名遂げ」、新社屋、豪邸「マグロ御殿」の新築、回顧録の出版とつづいて、サクセス・ストーリーは終る。

普通『立身出世物語』というのは一代記であって、それで幕引きということになる。井原西鶴が一六八八年に著した『日本永代蔵』にみられる成功物語の中で、今日に継続される末裔がいるのは異例中の異例といえよう。本項で、特筆したいのは、一代より、やや長いスパンでみたマグロ業界における人間模様等のうつり変わりについてである。これは、筆者が特に意識してみたいと思っているより、普通にしていても、長生きしていると、みえてしまうものなのだ。

前掲書が奥津水産株式会社から記念出版されたのは昭和三十九年で、筆者は、編者の内海さんから恵贈された。

当時のマグロ業界は昇り坂であった。奥津水産も最盛期には八隻のマグロ漁船を所有していた。その後、昭和四十三年に市営の魚市場が建てられ、マグロの水揚げが九万五千トンにおよび、静岡県の焼津・清水をぬいて、マグロの水揚げ日本一を誇った全盛期が三崎ではじまった。

丁度、その頃、三崎中学校を卒業後、東京・神田の衣料品問屋に住み込み就職、四年間の修業ののち、奉公明けで三崎に帰って来た鈴木金太郎さんがいた。金太郎さんは昭和二十一年十二月一日生まれ、まだ成人式を終える前の頃である。地元にもどってからは、マグロ船をおりた義兄のマグロの行商を手伝うようになった。三崎で仕入れたマグロを軽トラックに積み、横浜・東京方面で売る商売で、マグロ小売業だ。

神田で商売人の心構えを体得してきた経験から行商もそこそこ順調で、二十一歳で独立し、横須賀・衣笠栄町に店を借り、マグロ専門の小売店を開業する。この店は、独立・開業といっても、わずか一坪半（約五平方メートル）しかない借り店舗。間口は二メートルもない。しかし、努力の甲斐あって徐々に商売が軌道に乗りはじめる兆はあった。

それに、大商人になることを夢見て苦労をしながら「商人の心構えを体で覚えた」本人にとっては、一里塚でしかなかった。というのも、三崎から横須賀方面に向う、引橋という近くの道路脇には、見たくなくても見える「マグロ御殿」と呼ばれる前述した奥津政五郎さんの豪邸があり羨望の眼をむけない人はいない。というよりは、「マグロ御殿」はこの地における景観の一部で一幅の絵画のように、人々の心にやきつき、定着しているのだ。御殿の前の道路をマグロを積んだ軽トラックが走っても、まったく関係のない景色にすぎないように思える。

しかし、軽トラックの運転手である金太郎さんにしてみれば、すてておけない景色であったにちがいない。「俺もいつか、マグロで儲け、〈御殿〉を建てたい…」と思えば、どんな苦労も楽しいものに変わり、将来への夢がふくらんでいった。

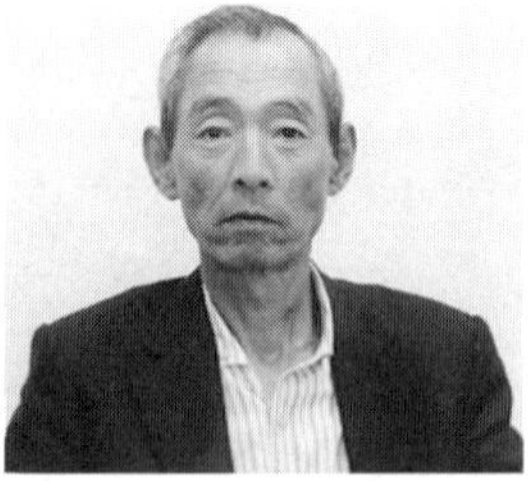

話者の鈴木金太郎氏
（鈴木水産・田中千城氏提供）

当時の三崎におけるマグロ景気をみていた人々は、マグロで商売をするのは当然のように思ったのであろう。ましてや、大商人を夢見てきた当人にとってみれば、なおさらのことにちがいなかろう。マグロの荷が大きく動けば利益も大きい。そう考えた結果、仲買人たちの推薦を得て、仲買人の鑑札を手に入れることに努めた。小売の仕事をはじめてから、一〇年はたっていた頃だった。

一般に、魚市場といわれる中には、東京の築地市場のようなところもあれば、三崎のような地方の産地市場、横浜のような消費地市場などいろいろある。その市場は仲買（人）とか（魚）問屋のほかに「荷主」とか「荷受」とかよばれる人達により、魚の取引きがおこなわれている。

三崎は産地市場なので、マグロを満載した船が市場のある岸壁に直接、接岸することができるので、マグロ船の船主が荷主だ。そのマグロを、船主（荷主）から依頼され、岸壁に水揚げし、荷主からあずかったマグロを、マグロの仲買人に販売する「卸売業者」を「荷受」とよんでいる。三崎では戦後、神奈川県鰹鮪漁業協同組合が、最初に「荷受」の資格をとり、「丸生」と称した。

その後、昭和二十三年になり、三崎魚類株式会社が荷受の資格をとり卸売会社の荷受が誕生した。「丸魚」がそれである。卸売業者（荷受）は、魚市場を使って、マグロを仲買人に販売するのだから、市場手数料として、売上げた代金の中から、二パーセントないし三パーセントといった手数料（使用料）を払わなければならない。

仲買人は「荷受」（卸売業者）からマグロを買い、小売業者に売る。そして最後に消費者が買うという構図が、大まかなマグロをはじめとする鮮魚の流通ルートである。したがって、鈴木金太郎さんの場合、はじめは小売業だけだったが、のちに、仲買人というマグロ業界の流通機構の中で二つの業種を掌中に握ることができたのである。しかも、その時期は昭和三十五年から四十五年（一九六〇～一九七〇）代の、三崎が日本一の遠洋マグロ漁業基地として、最も華やかに輝いていた時代に重なる。

現在、鈴木水産ではマグロを一日に、五〇〇本から六〇〇本の「柵」を売り上げる。年の暮れともなれば、正月用に一二〇〇本もあつかうのは、まれではない。こうした販売能力があるのは、大手の小売業者をもっているという強みのほかに自社販売ができるからだという。

それに、もう一つの強みがある。鈴木水産は自社の冷凍冷蔵工場を城ヶ島にもっていることである。三〇〇トン収容の冷凍庫があるため、マグロが安い時にまとめて仕入れておく。冷凍マグロだけでも約二ヶ月分の七〇トンから八〇トンは在庫として保管できる小売業者でもあるのだ。したがって、安定した価格で、安定した供給ができるため、業者からも、消費者からも信頼されてきた。

この施設、設備をいちはやくととのえたのも金太郎さんが商売の先をよむ、「先見の明」があったからにほかならない。したがって、他のマグロ業者（仲買人）達は、客の小売業者から注文がきてからマグロを買付けるが、そうしない分だけ、安い値段で安定供給できる利点がある。時代の流れに敏感な鈴木社長は、昭和五十四年にこの冷凍庫を建てた。

例えば、マグロの赤身四〇〇グラム～五〇〇グラムの一柵が一〇〇〇円、中トロ二〇〇〇円、冷凍メバチの大トロは一〇〇グラム八〇〇円を基本的な値段にして、このところ数年間、売り値を変えていない。常に、良質で鮮度のよいものを適正価格を維持しながら売る。これが鈴木水産のモットーとするところだ。鈴木社長の信念でもある。

こうして、いちマグロの小売業者が仲買人（鮮魚卸問屋）となり、大船・横須賀中央店と店を増やし、今日、神奈川・東京を中心に鮮魚店一一店、すし店などの料理店七店舗を経営し、平成十三年には売上高は七五億四三〇〇万円と順調である。

ところで、マグロを中心とした鮮魚卸問屋になった鈴木金太郎社長だが、これまであまり意識的に「企業目標」だの、「売上げ目標」だのといったものは掲げてこなかった。とにかく、「新鮮なマグロを、良心的な値段で消費者に提供し、喜んでもらうことが一番」。利益は結果として、それについてくると考えてきた。

それに、客の期待を裏切らない商売の心を持ち続けて、良心的な商売をすること、それがすべてだと語る。

商売には高邁な見識や「座右の銘」はいらない。「とにかく、お客様あっての商売。客に感謝の気持を忘れず、恩返しができるように努力できればそれでいい」と。

さすが、一坪半（約五平方メートル）の店からはじめた努力家の社長。控えめに言う人生哲学そのものが「座右の銘」なのだろうと思う。

最近の魚市場は変わったという。マグロ仲買人も「自分で市場に出張る人は少なくなった」というのである。昔は「一船買い」などなかったが、今日では、「荷主」と交渉して、船ごとマグロを買ってしまうことが多くなった結果だ。特に大企業がこの業界に参入するようになって多くなった。しかし、鈴木社長は手をぬかない。市場に出向き、マグロを自分の眼で確かめないと買わない。現代は、マグロの現物がなくても、マグロを漁獲した漁場や時期で、おおよその品質はわかる。マグロ船の航海日誌や操業の記録を取り寄せ、過去におけるデータと比較して検討すれば、マグロ本体を直接みなくても、漁獲したマグロの市場価格（入札価格）は、ある程度の見当はつく。こうして一隻まるごとマグロを買う「一船買い」がはじまった。

しかし、データだけでは実際のマグロの身肉の品質の良し悪しは決められない。漁獲した漁場や時期、水温がわかっても、「マグロほど個体差があり、マグロほど、どこで漁獲してもピンからキリまである魚はいない」と社長はいう。「小魚は漁場や漁獲した季節が同じなら、脂ののりぐあいも、身肉も同じものだが、マグロはそうはいかないものだ」ともいう。

さらに、いくら水温の低い漁場で漁獲しても、操業直後の船上での魚体処理の方法や冷凍手順にミスや手抜きがなかったかどうか、冷凍庫の中での積み荷の状態や、痛みのあるなしなど、すべてを勘案してみる。そうしないと、商品価値として適性な価格がつけられているマグロかどうかなどわからない。

ようするに、マグロほど、表面的に品質の良し悪しの判断をしにくい商品はないのだ。社長は、判断がつかない場合が多いからこそ、直接、市場に出向いて、自分の眼でたしかめる。そして、自信を持って、質の良いマグロばかりを選び、消費者に適性価格で提供してきた。

昭和三十五年以降、遠洋マグロ延縄漁船が長期間にわたり操業し、発展をとげた背景には、冷凍技術の開発や、冷凍船によるマグロの鮮度維持が可能になったことによる。

それまで産地市場では、冷凍したマグロに海水などをかけて解凍してから入札していたが、冷凍技術が向上してからは、近年、冷凍選別で入札する。したがってマグロ専門の仲買人が、入札を前に、専用の小さなナイフや「手鉤」を持って、目当てのマグロの吟味をする。

市場の「たたき」に並ぶマグロはあらかじめ「しり尾」の部分だけを切り、そこだけ解凍してあるので、仲買人は身肉の脂の乗り具合や色のよさを観察したり、ナイフで身肉をそぎ、口にふくんでとかしたり、カギを用いて刺したりして品質の良し悪しを判断する。

こうした仕事は仲買人でもむずかしいが、社長は、なみはずれた品質判断の第六感のようなものを持っている。これは生れつきそなわった天賦自然のようなものだ。したがって、すべて自己流の直感的な判断でマグロを選ぶ。自分自身そうしないと、「三浦三崎直送のマグロが泣く…」ことになってしまう。

生まれ育った三崎の本物のマグロの味を消費者に届け、喜んでもらう。これは大いに郷土の宣伝にもなり、恩返しにもなる。こうした、心のスタンスを持って商売をしてきたことが社会的にも高く評価され、昨年は三浦市から表彰された。

上述したような立志伝は、どこの業界にも、必ずといってよいほど二つや三つはある。

だが、「鈴木金太郎立志伝」が他と異なるのは、明確な目的、すなわち「マグロにこだわり、マグロに賭けたこと」であろう。その象徴的ともいえるサクセス・ストーリーのエポックな出来事は、「あの、若い頃から景色として観つづけてきたマグロ御殿」の移譲・取得だといってよい。

奥津政五郎さんと同じように、マグロ商売を無一文からはじめた鈴木社長にとって、当然のことながらマグロ御殿は羨望の的であり、商売の目標であった。

その「マグロ御殿」が売りに出されたとなれば、だまってはいられない。本人自身は語らないが、人一倍、「マグロ御殿」に思い入れが強いのは当然のはずである。どんな企業努力をしてでも手中におさめなければと思ったにちがいない。

家主が他界後、しばらく遺族の方々が住んでいたが、一代で築きあげた富と栄誉は、かつての三浦三崎の繁栄と同じように、風と共に去り、景観としての建物だけが残った。

このままでは、鈴木社長が少年時代から憧れ、目標にしてきた景色が消える運命にあるのはめにみえている。

「なんとか入手し、できるだけ屋敷をそのまま保存、活用できないものか…。五〇年、百年すれば立派な文化財だ」。その結果、思いついたのが、「三崎のマグロ御殿を、マグロを目玉にすえた日本料理店にしよう…」というアイディアであった。名前も、マグロを軸とした魚食の殿堂にふさわしく、「豊魚亭」と名づけた。

こうして、鮮魚部門・飲食部門の両輪がまた大きくまわりはじめ、若い頃に軽トラックを運転して門前の道を走った記憶がよみがえった。

「マグロ御殿」（豊魚亭）を翼下におさめたことについて本人は、「たまたま紹介されたので入手しただけ」と、あくまでも控え目にいい、気負がない。しかし、青春時代から仰ぎ拝した「マグロ御殿」を取得したときは、万感こもごも到るものがあったにちがいなかろう。そして、その内面に秘めた意志にはかなり強固なものがあったように感じられてならない。

鈴木社長の従兄弟に貝瀬利一薬学博士がいる。彼も城ヶ島にかかわりが深い。海藻に含まれる砒素の研究で名を成した東京薬科大学の教授だ。

「マグロ御殿」と呼ばれた「豊魚亭」（裏庭は和風庭園）

この二人と、豊魚亭で二度会ったことがある。最初が貝瀬博士の学位取得の祝いの会であった。二人をみていると、歩んだ人生の道程はもとより性格もまったくちがうことに気づく。鈴木社長は控え目が好きで自分を売り込むようなことは、まったくしない。今回の取材でも危く逃げられるところであった。それでいてなにごとにも積極的にとりくみ、人生を楽しんでいる。忠実である。他方、貝瀬博士は、研究者タイプの典型ともいえるような性格で、自己主張型である。粋で鯔背な客姿・気風をかねそなえている。

二人に共通しているところといえば、努力家だが、人にはあまり楽屋裏をみせないこと。それはプロに徹していることの証しだとも思う。それに、道はちがっても、それぞれが人生を成功させたといってよい。しかし、まだ人生は途中なので、これまで以上に、人生を上手に運んでいったほうがよいのかもしれない。

Ⅲ　紙上「マグロの博物館」

——マグロ百話・百科・百態・百考——

一　東京湾にもマグロはいた

「東京湾でもマグロが漁獲できた！」と聞いても、今日、信用する人はほとんどいない。しかし一〇〇年程前の明治三十年頃までは、東京湾にもマグロがいたのだ。

昭和四十三年（一九六八）当時、神奈川県教育委員会は県内各地沿岸の漁撈習俗の調査を実施していた。その目的は、近年、沿岸各地の開発が進み、漁業を中心とする社会は、大きな転換期に直面したため、調査を実施し、漁撈習俗を中心とする民俗資料（有形民俗文化財）の収集、保管、整備をはかろうとするものであった。

また、調査当時、昭和四十一年七月に京浜急行電鉄が三浦海岸まで延長敷設されたため、それまでの船小屋・網小屋が解体され、海水浴客のための民宿が数多く新築されていた時代でもあった。当時、調査を担当していた筆者は、南下浦の金田という旧村（海付きの半農半漁村）の岩瀬義雄宅を訪れると、玄関口の左脇の上、鴨居ともいうべき場所に、一見してマグロだとわかる大きく古ぼけた尾鰭《おひれ》が飾られていた。（180頁写真参照）

それまでにも海付きの村に出かけると、小さな魚の乾物《ほしもの》や貝殻などが軒下に吊されているのを見かけたことはあったが、こんなに大きな尾鰭を眼にしたのは初めてであった。その尾鰭は見事という表現をとおりこして迫力があり、印象に残った。

後日、その尾鰭の来歴について、以外な史実が明らかになったのだ。

というのは、明治三十年（一八九七）頃までは金田湾（東京湾口）にはマグロがかなり洄游してきたので、ブリの刺網を使ってマグロも漁獲してきたのだという。ブリの刺網は長さ一〇間ほどの網をつなぎあわせて使う漁法である。麻材の網で、当時の漁網の中では最も大きなもので、網糸の太さは、マッチ棒を五本ほどたばねたくらいの太さがあったという。

金田湾の中でも雨崎に近い「小浜《おばま》」地区は、東京外湾の咽喉に位置し、小説『剱ヶ崎《つるぎがさき》』（立原正秋著）の灯台に近い場所にあるため、ブリやマグロのような大型の洄游魚が外洋から入ってきやすい、恵まれた漁場であったのである。小浜では、マグロが洄游してくると、村中の者が網を小船に積んで沖へ出る。まず、マグロの群を網で囲み、しだいに波打際へ網の輪をちぢめていく。渚に近づくと、漁師たちは胸のあたりまで海中に入り、囲い込んだマグロをカギでかけとったりかかえ込むようにして捕獲するなど、村中が大さわぎになったという。

このようなマグロ漁は、三浦半島に限られたことではなかった。江戸時代から明治期にかけては、わが国の沿岸にはマグロの群が洄游してくるのは、あたりまえのことだったのである。

天保三年（一八三二）に描かれた『伊豆紀行』（静岡県立中央図書館蔵）にも「内浦の長浜村ノ漁猟ノ景」として、波打際にマグロを網で囲い込んだあと、カギを使って漁獲したり、漁師が胸まで海中に入り、マグロをかかえて捕獲している様子が見える。同図には「渚ニ五十、七十ト鮪ヲ

漁猟場の景（静岡県立中央図書館蔵・『沼津市史』資料編より）

積ミテ賣ラントシ、買ハントスル者ハ江戸、甲斐、駿河ノ魚儈《ぎょかい》ナリ」（上図）とある。「魚儈」とは「魚仲買人」をいう。

また、『沼津市史（史料編・漁村）』においても同資料を引用し、「塞ぎ網で建切られ、逃げ場を失った鮪や鰹は、小取網や取網によって陸に曳き寄せられ、鈎などを使って曳き揚げられた」との説明がみえる。

昔から、めでたい贈り物などに添える熨斗《のし》ヤ熨斗代わりに添える魚の鰭《ひれ》は、縁起の良いものとされてきた。

同じように門口や玄関先に魚の尾鰭《おひれ》を飾ることを「ナマグサケ」などという地方もあるが、金田では、このマグロの尾鰭に関する聞取りはできなかった。（88・179頁参照）

二　マグロ漁にかかわること

一般にマグロ漁にかかわらず、漁撈・漁業に関する民俗伝承（民間伝承）は「漁撈習俗」とか「技術伝承」、あるいは「漁撈慣行」などともよばれる。

伝統的に海と深いかかわりをもってきた日本人の、この方面の伝承は幅広く、質量とも多いので、重要な研究対象ともなってきた経緯があるが、ここではその中のいくつかに注目してみよう。

1　「オブリ」「ニアイ」という言葉

普段は聞かない「オブリ」という語彙だが、三浦三崎にはマグロやカツオを漁獲すると、マグロのときはワタ（内臓）、カツオのときはホシ（心臓）を、日頃から信仰している氏神や竜神様に供える慣行があり、これを「オブリ」または「オブリをアゲル」といった。

三崎では「海南神社、竜宮様、舟玉様に供えた……。舟玉様にはお神酒《みき》も共にあげた。海南神社には社務所へ持参、神官が神前へ供えるが、竜宮様や舟玉様へも供え、附近に子供が遊んでいると、すぐに呉れてやった」（『海鳥のなげき』内海延吉著）と言う。また、「オブリ」については

『三崎志』（宝暦六年版）に「海南社記日　貞観《じょうがん》ノ昔ヨリ以分利《ぶり》例故初取者号犠合　包草藁　沈御座磯海内卜云　今尚其例アリ」とみえる。

この「オブリ」と「ニアイ」について、内海延吉氏は前著の中で、関敬吾氏の「漁撈と祝祭」（『海村生活の研究』所収）の事例を挙げながら、

この草藁（ツト）に包んで沈めた池が犠合の池、即ちニアイの池である。腰越（鎌倉市）でカツオやマグロを捕った時立てるネアイ印しは、このニアイの転訛で、三崎の盆で切り替わる漁季ネアシビ〈明治の末頃まで三崎町の一部と二町谷では、一年間の漁季を四漁季にわけており、ネアシビとは二漁季目の八月十七日から十月五日までの四十日間をいった。ネアシビは相模湾の手釣マグロの漁季にあたる〉のネアも同じであろう。三宅島では鰹漁で最初にとった魚をニアイという処があり、安房国富崎村ではこの魚をオブリといっている。

〈（　）内は筆者による。〉

と記している。

「草藁に包んで海に沈める習俗」に関しては、長崎県西彼杵郡大瀬戸町向島下波の漁業者にも共通しており、全国的に広い分布を示すものである。なお、向島下波地域の事例では、「タルオサメ（樽納め）」などと言い海神・漁神を祀る「ジュゴンサン（竜宮さん）」の行事にかかわる習俗で、自然石を「ツト」に包んで海に沈める。

また、内海氏は前著で、「オブリ」について、

『三崎志』の犠合《にあい》も、生き物をそのまま神に献じた古代の風習の名残りとして、初魚を池に沈めたものと思われる。ここで特に誤解を招くおそれのあるのは、『三崎志』の分利《ぶり》の文字である。これは漢字の音標文字として使ったにすぎない。利を独占せず神に分けると解するのは甚だしい誤りである。それでは何故カツオをオブリと言ったか、おそらくオブリは「お鰤《ぶり》」ではなかったかと思う。

とし、関西・九州方面で出世魚として祝の魚とされる「鰤」が関東においてカツオやマグロに変わったものと解している。相州（神奈川県）における事例は、もう少し詳細に調べてみることが今後の課題として残る。

なお、先に引用した『三崎志』にみえる「貞観〈八五九〜八七五年〉ノ昔ヨリ……草ワラニ包ンデ御座磯海内ニ沈メルト云」について、「御座の磯の先の深い淵をお池といった」〈『ちゃっきらこ風土記』内海延吉著〉といわれるごとく、「お池」とは、磯の深い場所を意味している。

2　「ナマグサケ」という言葉

一般に「生臭物《なまぐさもの》」は「精進物《しょうじんもの》」と対称的に、生臭いもの、すなわち魚・鳥・獣類の肉などをいう。「ナマグサケ」について言及した桜田勝徳氏は、『総合日本民俗語彙』に記された事例をあげ海のナマグサケは好ましくないなどとはほど遠く、塩とともに汚れを払いのけ、浄める力を

ナマグサケ　門口（玄関）におかれたマグロの尾鰭

持ったものと考えられると言ってよいであろう（中略）ナマグサケは神祭の神供として欠くことのできない食品であり、また神を迎える神聖な場所の維持のために不浄を払う力のあるものとしても考えられて、それがいろいろの習慣として伝えられてきたものであろうと考えられる。

（『海の世界』海と日本人）

としている。

すなわち、魚類を魔除け、まじないとして門口や軒先につるす風習も、蟹の甲羅やアワビの殻を魔除けとして吊すなどは、「ナマグサケ」に通ずるもので、節分のイワシの頭やハコフグ、ハリセンボン、カサゴなども同じように用いられてきた。

矢野憲一氏の『魚の民俗』には「静岡県御前崎の漁師の家の戸口にマグロのものらしい大きな尾ビレが掛けられているのを見た。これは〈ナマグサケ〉といって家内に不浄が入らぬようにするまじないだそうだ」と記している。

こうした事例は三浦半島にもある。横須賀市の相模湾に面した佐島では、門口にトビウオ（飛魚）の羽根を一対はりつけ、安産の守りだといわれていたところから、やはり家内に不浄が入らないようにして、無事に出産を願うという風習があったのであろう。

また、前項（180頁参照）でも述べたが、三浦市南下浦町の金田では、門口にマグロの尾鰭をさしかけ、魔除けとしていた。不浄なものが家の中に入らないようにしたナマグサケである。

しかし、三浦市金田では昭和四十三年（一九六八）、漁撈習俗調査を実施した時には、ナマグサケという語彙を家人から直接伺うことは、すでにできなかった。

以上のように、「オブリ」とか「ニアイ」とかいう言葉を調べてみると、古い時代からの伝承が言葉や文字表現の中にこめられて、今日まで伝えられてきたことがわかる。「いけにえ」は漢字で「生贄・犠牲」と表記されるが「犠牲《ぎせい》」は生きた動物を「いきにえ」にささげる「牛」にはじまる表記と伝えられる。「犠合《にあい》」も「犠合《ぎあい》」であったのであろうか…。

三　マグロの釣鈎

数あるマグロ類の中でも、クロマグロ（ホンマグロ）は最も大型で、最大級のものは五〇〇キロを超すものもある。それ故、特に冬場の日本近海で漁獲される、大きくて脂がのったクロマグロは一本（匹）で何百万円もする。二〇〇八年には、青森県の大間崎や山口県の見島などで一本釣によって釣り上げられた二〇〇キロから三〇〇キロのものでも一本で百数十万円したという。これまでのところ大間崎に水揚げされた最も大きなホンマグロは四四〇キロだという。

こんなに大きなマグロを釣り上げるのには、どれほど大きな釣鈎を使うのだろうか…。素朴な疑問をいだくのは筆者だけではないと思う。

以前、筆者は、わが国でマグロを釣るときに使う釣鈎のことを調べたことがある。調べてみたいと思った動機は、〇・五トンもある大マグロを釣るのに使う釣鈎というのは、「どんなに大きな釣鈎なのだろうか…」ということであった。

科学、技術の発達がめざましい現代ならばともかく、江戸時代や、その時代を引き継いだ明治時代には、どうやって巨大なマグロを釣り得たかという疑問からでもあった。

ところが、この調査は、すぐに壁にぶつかってしまったのである。その理由の一つは、「調べようと思っても、わが国の博物館や資料館には、江戸時代や明治時代のマグロの釣鈎などは、収集・保管されているところがほとんどない……」とわかったためであった。そこで、実物の釣鈎を調べることを断念し、古文献や古文書で調べてみようと考えたのである。そんな時、渋沢敬三著『日本釣漁技術史小考』や『明治前・日本漁業技術史』という書物にであった。

そこでわかったことは、日本の古い時代に使われた釣鈎は、アメリカのボストンに近い博物館に保管されているという。明治十年（一八七七）六月以降、三回にわたって来日した、アメリカの動物学者エドワード・シルビスター・モース〈EDWARD SYLVESTER MORSE 1838～1925. 以下、モースと略す〉が日本から持ち帰った資料の中に含まれているということであった。

この博物館に保管されている「モース・コレクション」を調べるために、筆者は昭和五十四年（一九七九）六月、昭和六十一年（一九八六）九月、昭和六十三年一月の三回にわたり出かけた。最初に「マグロの釣鈎」と対面したときの驚きを次のように記した記憶があるので以下に紹介しよう。

……最初、ピーボディ博物館の地下の収蔵庫で、マグロの釣鈎コレクションの実物を見た時は、わが眼をうたぐったほど

マグロの釣鈎　千葉県で製作・横須賀市長井で使用（横須賀市自然・人文博物館蔵）

であった。というのは、百年も前の鉄製のマグロの釣鈎が、昨日、鍛冶屋でうたれたかと思われるほどに光沢をおび、ピーコックの尾羽根のように、紫色に、そして銀色に、怪しく輝いて見えたのだ。錆ひとつない……。

……この釣鈎を自分が手に持ったら、それがもとで錆が生ずるのではないかと思うほど、そのあつかいには緊張した。

渋沢敬三もモースから影響をうけた一人である。渋沢は『明治前・日本漁業技術史』の巻頭において、アメリカのセーラム・ピーボディ博物館（PEABODY MUSEUM OF SALEM. MASSACHUSETTS）所蔵（モース・コレクション）中の釣鈎などの写真を掲げ、「モールス博士の日本に於ける蒐集品を悉く展観して居るが、その中に当時の釣鈎を地方毎に集めた扁額がある。現時の我国ではもはや到底手に入らぬものでありこの標本を精細に研究して見度いものであることを附記しておく。」と特筆している。

以下、日本におけるマグロの釣鈎をはじめとする釣鈎の地域差（特に形態）や、モースが収集したマグロの釣鈎などについて述べる。

モースが収集した日本の釣鈎を魚種別にみると、マグロ釣鈎、カツオ釣鈎、サバ釣鈎、タラ釣鈎、アユ釣鈎が主なもので、その他に各種の釣鈎がある。このうち、マグロの釣鈎は一三点がまとめられている（次頁図）。

わが国には釣鈎の形態に地域差があることが知られており、

A．丸　型（西南型）…太平洋側は紀伊国牟婁郡以南、日本海側は丹後あたりまで
B．角　型（中部型）…紀伊半島から宮城の仙台湾あたりまで、日本海側にはない
C．軸長型（東北方）…仙台湾以北から津軽海峡をまわって日本海に至り、丹後、若狭あたりまで

の分布圏を形成していることが、これまでの調査・研究の結果知られている。（中村利吉『日本水産

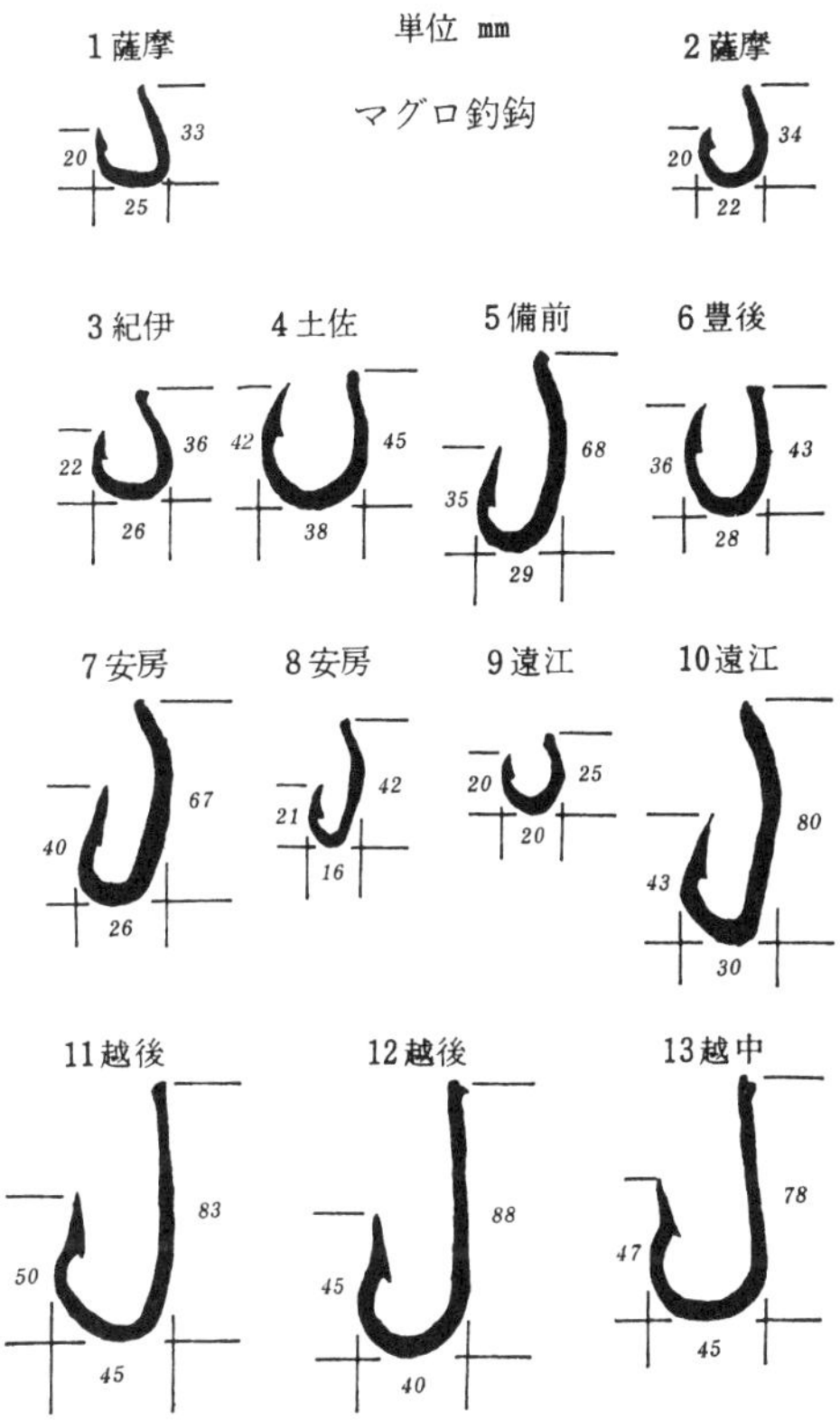

モース・コレクションのマグロの釣鉤
（ピーボディ博物館）

捕採誌』、田辺　悟「釣鈎の地域差研究」『海と民具』）

「モース・コレクション」中のマグロの釣鈎を三つの地域別にあてはめてみると、「丸型」に属する地域は1〜6まで、「角型」に属する地域は7〜10まで、「軸長型」に属する地域は11〜13ま

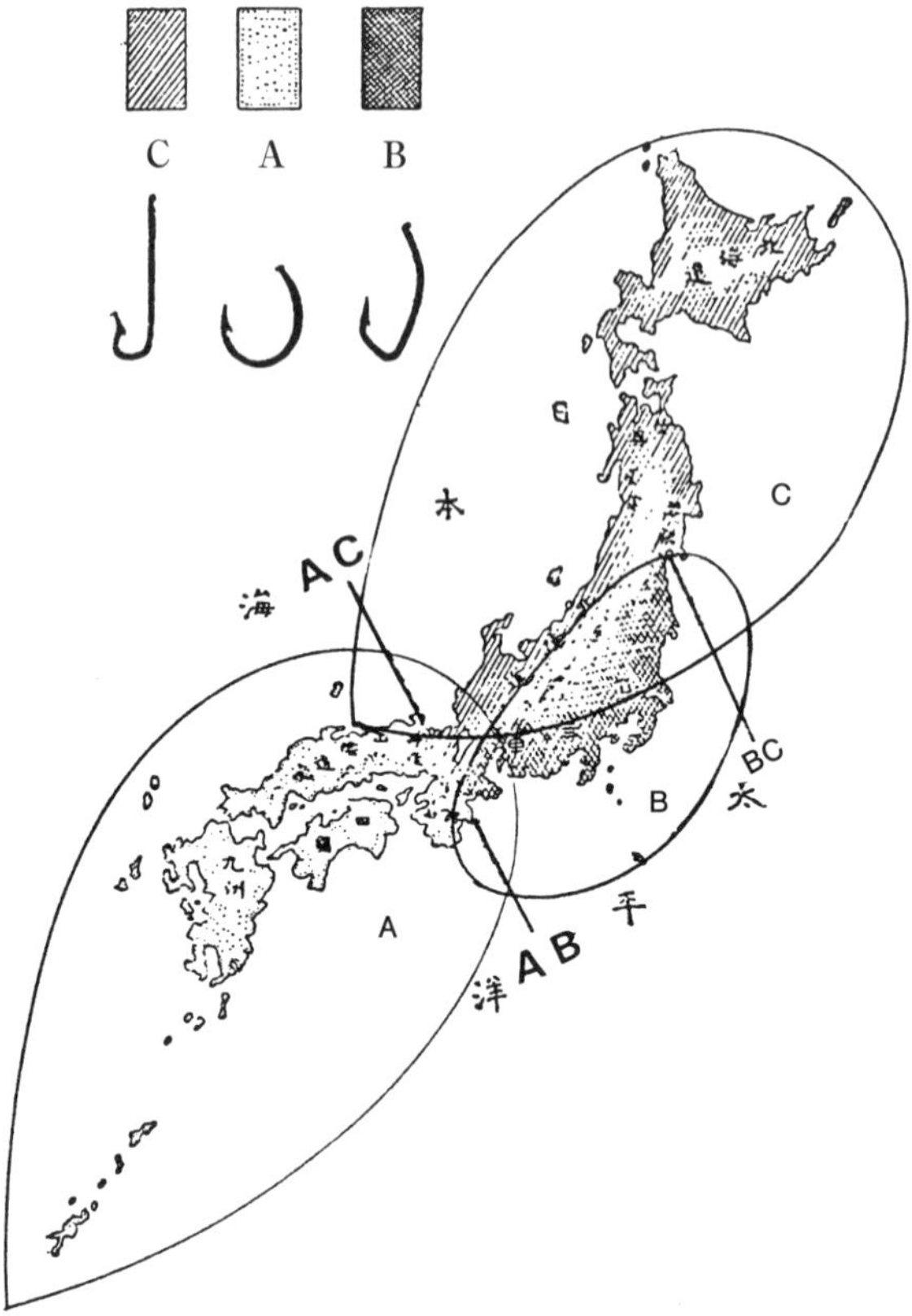

釣鈎形状の分布（原図は『日本水産捕採誌』）

でとなる。これらのマグロの釣鈎を形態的にみると、「丸型」は、備前で使用の釣鈎は丸型というよりも角型に似ている。たしかに「曲り」の部分は「先曲り」「腰曲り」ともに丸型なので、釣鈎の「ふところ」の部分も丸型ではあるが「軸」の長さが他の地域のものに比較すると長い。「角型」は、9の遠江で収集された釣鈎は「曲り」や「軸」の長さからすると、むしろ丸型に属する形態のものであることがわかる。「軸長型」といわれるものは、数は少ないが中村利吉が指摘した三つの型と地域差が一致する（『日本水産捕採誌』）。

モースが収集したマグロの釣鈎は、わが国には三つの「釣鈎の型の分布圏」があることを実証するのに役立つ資料として貴重である。

ところで、同じようなマグロを釣るのに、せまい日本に、なぜ三つの地域差があるのかや、その形態変化による特長的な製作方法など、わからないことが多く、今後の民具研究の課題は多いのだ。この釣鈎に関する形態変化の地域差について、最近あきらかになってきたことは、マグロ漁を例にとってみると、「一本釣」のマグロ漁においては、マグロの釣鈎を漁業者自身が製作することも可能である。事実、漁業者自身で自製する必要があった。しかし、「延縄」漁になると、多数の釣鈎を必要とするので、漁業者は自製することでは間にあわず、特定の鍛冶屋が製作した釣鈎を商品として購入して使用するようになる。そこに「釣鈎製造業者」が誕生し、商品としての釣鈎が流通するようになるのだ。

要するに、漁業者は、いちどに多くの釣鈎が必要な場合、入手可能なところに求めなければならない。それは、特別に注文して生産してもらう釣鈎ではなく、商品として購入可能なものなのである。

前述の「マグロに賭けた男たち」の項でも述べたが、釣鈎の地域的な形態変化は、商業圏のちがいが表面的にあらわれた結果であり、商品流通の現象的な一側面としてとらえることができるのである。

このように、私たちが知っている、数多くの民具のうちには、普段はあまり気にもとめないが一寸でもたちいって調べてみると、わからないことが多い。消耗品のようにあつかわれる釣鈎などは、使用してきた漁業者が保管していることは皆無に等しい。「モノ」を専門に保存・管理する博物館や資料館でも、最近になって、その重要性を認識するようになったにすぎない。

我々の先祖が、いかに海とかかわりをもって暮らしてきたかを具体的に知り、理解するためにも「釣鈎一本の保管と研究」がいかに大切であるかを「モース・コレクション」は無言で教えているのだと思う。

四　マグロの和名と英名など

魚類の方言は実に多い。魚種によっては、一種類だけで一冊の本ができるほどだ。ここでは、ごく簡単に異名をあげておくにとどめたい。

クロマグロ……マグロ・ホンマグロ（東京）・クロシビ（静浦、小名浜）・ホンシビ（豊橋）・シビ（東北地方、静浦、富山）。体重約七・五キロ以下の若魚〈メジ、ホンメジ、クロメジ、ヨコワ、チュウボウ〉

メバチ……バチ・マバチマグロ（東京）・ダルマ・メンバチ（湯浅）・メブト（福岡）・ヒラシビ（宮崎）・メッパ・オオバチ〈大型魚〉・ダルマシビ（三重）

キハダ……キワダ・キワダマグロ（東京）・ゲスナガ（静岡）・イトシビ（和歌山）・シビ、ハツ（大阪、高知）・キメジ〈若魚〉・入梅マグロ（三崎、城ヶ島）

ビンナガ……ビンチョウ・トンボ・ビンナガマグロ・ビナガ（宮城）・ヒレナガ・カンタロウ・トンボシビ〈若魚〉（西日本・串本・高知）

ミナミマグロ……ゴウシュウマグロ・インドマグロ・バチマグロ

タイセイヨウマグロ……クロヒレマグロ・ミニマグロ

コシナガ……シロシビ・セイヨウシビ

ついでながら、カジキ類の方言〈異名〉についてもふれておくと以下の通りである。

マカジキ……マカジキ（東京・三崎）・オカジキ（関東）・カジキトオシ・ナイラゲ（高知）・ハイオ（福岡・熊本）

クロカジキ……クロカワ・マザアラ・クロカ（東京）・カツオクイ（伊勢）・アブラカジキ（沖縄）・クロカジキ（田辺）

シロカジキ……シロカワ　シロカワカジキ・ゲンバ（高知）・シロマザアラ（三崎）

メカジキ（メカジキ科は一種）……メカ・メカジキ（東京）・カジキトオシ（高知）・シュウトメ（和歌山県）・ゴト（鹿児島）・ダクダ・ラクダ（千葉）・ハイオ（熊本・壱岐）

マグロの種類の中で、和名と英名がもっとも一致しているのが「メバチ」だろう。漢字では「目鉢」と表記するが、文字どおり目の大きなマグロである。和名は「メバッチリ」からきているという巷説があるほどだ。

ところで英名も「ビック　アイ　ツナ（big eye tuna）」という。「キハダ」も「黄肌」の表記はある。英語では黄色い肌よりも鰭が強調され「イエロー　フィン　ツナ（yellow fin tuna）」だ。

「クロマグロ」は英名で「ブルー　フィン　ツナ（blue fin tuna）」という。釣りたてのクロマグロは黒色というより「群青色《ぐんじょういろ》」なのだといわれる。「ビンナガ」は「アルバコーレ　ロングフィン　ツナ（albacore long fin tuna）」。この名も特徴をよくおさえている。「ミナミマグロ」は

「サウスン　ブルー　フィン　ツナ（southern blue fin tuna）」。「タイセイヨウマグロ」は「ブラック　フィン　ツナ（black fin tuna）」。「コシナガ」は「ロング　テイル　ツナ（long tail tuna）」とよばれる。こうしてみると、英語名は鰭に注目してつけられている例が多い。

なお、マグロはラテン語で thunnos といい、ギリシア語では thyn または thýnnos という。フランスでも古代プロヴァンス語で ton といい、現代語では thon というが、この言葉はマグロ類の総称である。英名と同じように種類により、タイセイヨウマグロは thon rouge・ビンナガは thon blanc・メバチを thon obése という。obése は肥満というような意味である。（212頁参照）

五　マグロと大漁祝（万祝）

海付きの村や町では、ある日突然、大漁に恵まれることがあり、浜や港は活気に満ちあふれることもあった。しかし、何年待っても豊漁に結びついた「晴れの日」がやってこないことがあった。豊漁は漁獲対象物の移動にかかわることが多いため、南関東では房総半島沿岸のイワシ漁は春と秋、三浦半島の相模湾側では初夏のカツオ・入梅マグロ（キハダマグロ）、小田原方面では冬のブリ・マグロというように、季節によって、晴れの日が多い村や町もあった。

こうしたことが農山村との大きな違いである。農作物の栽培、炭焼き、植林のように計画的な収穫や豊作を祝う晴れの日にたいする心がまえや準備、対処のしかたも違ってきた。一般に、海付きの村や町における人々の社会的な性格が現実的で刹那的だといわれるのも、こうした「晴れの日」を迎える僥倖ともかかわっているともいえるのである。

「漁村」や「漁師町」で、俗に千両・萬両といわれるような大漁に恵まれたとき、マイワイ（またはマンイワイ）とよばれる大漁の祝ごとがおこなわれた。「マ」または「マン」という言葉が「運」または「幸運」という意味をもった語彙であることは、よく知られているが、この言葉や意味が地域により、かなり訛ったり、転用されて使われたりしている場合が多い。「マイワイ」の本来の意味は、恵まれた大漁（豊漁）に際しての祝（大漁祝）のことを称していた。

予期した以上の漁獲があったとき、大漁を祝い、船主・網元（あるいは漁師仲間の共同出資による網株仲間）などの漁業経営者が、船子（水夫）・網子（仲間など）を集めて祝宴を催した。その規模はいろいろだが、その席そのものを「マイワイ」と称した。それが後に、その席で「引物《ひきもの》」（ひきでもの、特に個々のお膳にそえて出す肴や菓子などがのちに記念の品物に変わった）として、揃いの半纏（大漁祝着）を出したので、もともとは「マ」を「イワウ」の意味である言葉が時がたつにつれて大漁祝の宴席で出す引物の反物（半纏）を「マイワイ」「マンイワイ」と呼ぶようになったのである。したがって、祝宴で出される「手拭」や「帯」「浴衣（地）」など、すべての引物にあてられた言葉であった。

宮城県の気仙沼地方では、ごく最近まで、引物の半纏に、船主や網元の家の名前や屋号などが入っているところから「看板」と呼んでいた。こうしたことからも、転用されたいきさつがわかる。近年では引物にジャンパーや作業用の帽子が出され、これまたネーム入りである。

また、伊豆七島の八丈島では「大漁着」と呼び、「島ではやっていなかったが、房州のを真似して始めた。染めは房州の白浜や富津へ注文した」（『八丈島報告書』田原久）という報告がある。千葉県富津の小林栄一氏宅に、八丈島へ売りに出したという郵便ハガキの記録があり、このことを裏書きしている。

わが国における「マイワイ」にかかわる漁業の習俗は、千葉県九十九里浜におけるイワシの地曳網漁業をおこなっていた網主が、互いに競って派手な大漁祝（マイワイ）をおこなったことに由来する。今日までのところ文化年間（一八四〇〜一八一七年）頃にはじめられたとされている。

こうした漁撈習俗は黒潮の流れに沿って伝播し、太平洋沿岸では千葉県から北の沿岸へ、茨城県・福島県・宮城県・岩手県・青森県につたわり、名称（呼び方）もカンバン、ハンテンなどに変化していった。北海道の一部ではハンテン（半纏）と呼んでいる。また、千葉県から西南方面にかけては東京都（伊豆七島を含めて）、神奈川県、静岡県に分布し、いずれもマイワイと呼ばれている地域が多い。

しかし、愛知県知多半島には羽豆神社に氏子が奉納する踊りの衣装としての「踊りゆかた」はあるが、「マイワイ」（大漁祝着）はみかけない。だが、「踊りゆかた」の派手なデザインはマイワイ着に共通するようにも思える。日本海側には、このような祝着の習俗はまったくない。

「マイワイ」「マンイワイ」は一般に「萬祝」「間祝」「真祝」「前祝」「舞祝」が漢字としてあてられているが、いずれも当て字にすぎない。大漁祝のことを「マイワイ」「マンイワイ」と呼ぶことは、逆に不漁なおしのことを「マナオシ」あるいは「マンナオシ」ということからもわかる。

千葉県旭市の岩井家の史料によれば、安政二年（一八五五）の秋から明治二十八年（一八九五）の春までの七〇年間に、同家では一四回、イワシ大地曳網による大漁があり、マイワイをおこなった史料が残っている。

近世の史料（『近世後期における主要物価の動態』三井文庫編　東京大学出版会　一九八九年）によれ

ば、安政二年春における米一石は銀で一一三匁（金で約二両）、同年秋の物価は米一石が銀九三匁（金で約一・五両）、酒一石は同年春に銀二五一匁、同年秋に銀二五三匁、塩一石は同年春に銀三四匁、同年秋に銀三三匁五分とある。

当時は金一両がおよそ銀六〇匁にあたっていたので、安政二年における岩井家の六五両の万祝代が、いかに多額の出費になったであろうことを伺うことができる。すなわち、米一石が金で約二両として計算すると、六五両あれば米が約三二石購入できることになる。四斗俵で算出すると八〇俵の米を購入できるマイワイの額になる。

マグロ漁の大漁祝着（マイワイ）
（横須賀市自然・人文博物館蔵）

三浦三崎の事例をみると、明治二十年頃、三崎二町谷《ふたまちや》の「半次郎丸」がマグロ流し網やサンマ流し網でマイワイをおこなったことがあった。また三崎の城ヶ島では、大正九年と大正十三年の二回、アジ巻き網漁で、城ヶ島の株仲間である「マルシン」がマイワイをおこなったことがある。三浦半島における、マイワイの席で引物とした反物は千葉県の勝山、館山、鴨川などに注文して染めたものがほとんどである。

マイワイの宴席で、引物に反物が出されると、一同は大漁のお礼参りに「大漁祝着」（マイワイ着）を打ち掛けのように着て、揃いの新しい手拭いの鉢巻きをしめ、氏神をはじめ、武山不動尊、成田山、日光、大山の阿夫利神社や、なかには大正五年の小田原の事例のように、遠く伊勢神宮へ参詣に出かけたりしてハレの日を祝ったりした。

三浦半島では毎年「武山の初不動尊」の御開帳の一月二十八日には大漁祝着（マイワイ）を打ち掛け、マグロ船の乗組の者たちがそろって、大漁満足や航海の安全を祈願し、お礼参りに威勢よくやってくるのを羨望のまなざしでみたものだということを聞いたことがある。

また、三浦三崎に在住していた内海延吉氏も、次のように述べる。

千両祝とはヤンノ（マグロ延縄漁船）の水揚げが千円に達したときの祝のこと。このとき親方はマイワイの着物を船方に着せたものだが、その頃なかなか千円の水揚げはできなかったようだ。給金乗りのマグロ船の千両祝の慣行は、マグロ、メダイ、ムツを組合わせた三崎の〈大テントウ〉にも移って同様のことが行われ、マイワイの反物は漁期の〈シマイ勘定〉の酒宴の引出物として配られた。この着物を三崎ではマエイワイと言っているが、マイワイの訛言で、漁がマだ、マがいい悪いのマ（間）の意味であろう。（『海鳥のなげき』）

大漁祝着の絵（図）柄は、華やかなものが多い。染物屋は、おもに房総半島沿岸における富津町・鋸南《きょなん》町・館山市・白浜町・鴨川市・天津小湊町・勝浦市・御宿町・大原町・岬町・銚子市などの紺屋《こうや》に注文して製作されたものが多い。染めるときは型紙を用いた「型染」で「筒染」ともいわれる友禅染の技法と同じである。万祝の文様（模様）は藍地を主に、「背型」と「腰型」とよばれる文様が描かれている（前頁写真）。「背型」は背の部分の文様で、多くは、空を舞う鶴を背景に、注文主の網主や船主の家紋が大きく染め抜かれており、その鶴がくわえた吹流しに、船名や注文主の屋号、名前などが記されているものが多い。「腰型」の文様は大きく四つに分けることができる。

その第一は、生業や漁業に関するもので、マグロ・イワシ・カツオ・タイ・ブリ・アワビなど、漁獲物や漁法、漁具などに関するもの。第二に、吉兆、縁起のよいもので、鶴亀・注連縄《しめなわ》・松竹梅・恵比寿（須）大黒・七福神・宝船・宝珠・盃《さかずき》・扇・寿・熨斗《のし》などを描いたもの。第三は、昔話や物語りの人物をもとにしているもので、龍宮城に浦島太郎と乙姫や玉手箱・高砂・三人囃子・三番叟《さんばそう》・牛若丸と弁慶など。第四は、その他で、鷗・海鳥・岩礁・サンゴ・蕪《かぶ》（株を意味する）・鳳凰・キリン・唐獅子・牡丹・花魁《おいらん》道中などである。

鮪の場合の事例としては、「浦島―龍宮―亀―鮪―扇（大漁）」や、他に、「鮪―亀―鷗―三重盃―扇」などがある。

六　マグロの絵馬

静岡県沼津市の歴史民俗資料館で学芸員をされていた神野善治氏による次の報告がある。

沼津市の内浦湾に面した静浦口野の金桜神社には三点、マグロを捕獲している様子を描いた絵馬が奉納されている。（「漁村の絵馬ノート—静岡県東部を中心に—」）

その一枚の絵馬は明治四十年に「東組西組両網中」によって奉納されたものである。絵馬の中央には、頂に金桜神社が描かれ、山道（参道）には満開の桜が咲きほこり、一の鳥居から三の鳥居まで見える。手前には海岸まで迫った山裾の磯近くまで、おびただしい数のマグロが、群れをなして一方向（東）を向いて泳ぎ、まるでマグロが金桜神社へ参詣におとずれたようだ。漁師たちが網船でそのマグロを磯場に追い込んでいる様子もみえる。

描かれている場所は、伊豆国との境にあるイカツケとよばれるアンド（漁場）で、中央の岩は「代官岩」と呼ばれ、韮山代官の江川太郎左衛門がしばしばやってきて、この岩の上でマグロの建切網漁の様子をご覧になっていたという伝説のある場所だという。

また、この絵馬には、村の故老や子供たち、それに母親が、壮観なマグロ漁の様子を見ているところが描かれている。（次頁写真参照）

金桜神社に奉納されている「マグロ建切網」の絵馬　縦52cm・横82cm
（沼津市歴史民俗資料館提供）

山の中腹などには三ケ所に藁葺きの小屋が見えるが、これは「魚見」の小屋で、毎年、マグロの漁季になると、魚見役の漁師がここに登って魚群の来るのを発見すべく見張りをおこなった所である。マグロの群れが来るのは海鳥の動きや、海面の色あい波の立ち具合いなどで判断したという。

毎年、大瀬神社の祭礼も終る時期になるとメジ（メジマグロ・メジカともいうホンマグロの若魚）がやって来た。やがて夏になるとクロマグロ（ホンマグロ）やキハダマグロが来る。晩秋になるとホンマグロの大きくなったシビ（シビマグロ）がやってきた。こうしたマグロを捕獲する漁網が建切網であった。

マグロの建切網は「立切網」とも表記される。一般的には「大網」の名で総称され

「マグロ建切網漁業図絵馬」（部分）　明治時代に沼津在住の絵師、一運斎国秀（菊池金平）の描いたもの.

てきた。網の大きさは地域により異なるが、『静岡縣水産誌』によると、張置網とよばれる長さ四三〇尋もある網を、水深二五尋ほどの沖合に張り、魚群の通り道を遮断して、陸地の方向に誘導し、さらに大網・小網・大囲網・口塞網・取網・寄網・しめ網・まき網などの各網で魚群を追いつめて陸に引きあげるという網漁である。

七　切手になったマグロ

切手ほど、手軽で、楽しいコレクションはないといわれる。したがって、マニアも多い。切手のコレクターが多いということは年齢層をとわず子供から老人までが興味の対象となる種類があるためだ。切手ほどジャンルの広い印刷物もめずらしいといえよう。

それに嬉しいことは、お金をかけなくてもある程度は収集することができ、コレクションも増えていく。図柄の美しいものも多いし、収納場所を気にする必要もないのが収集をするのに魅力があるのだろうか。だが、本格的にコレクションに目覚めての収集となれば、これはまた別だ。奥が深く、お金がいくらあってもたりないというのが切手のコレクションかもしれない。いや、趣味の分野はすべてがそうなのであろう。

それに近年では、その切手を収集したいと思えば、インターネットで簡単に収集することが可能であることが、この方面のマニアを増やしている理由なのであろう。

魚の切手も多い。学生の頃、「切手の水族館」とかいうテーマの企画で、ある企業の広報紙が魚の切手ばかりを集めたシリーズの「表紙」を見たことがあった。面白い企画だと思ったので記憶に残っている。この例のように毎月、種類の異なった魚を掲載することができるほど魚の切手は多く、中には数ケ月にわたっての魚種もあったように思う。

その中で、マグロに関する切手の種類はどうなのだろうか。切手収集家の加藤和宏氏によると「マグロの切手」はその気になって探せば、かなり集まるだろうという。ただ、日本では過去に出された「魚介シリーズ」は、残念ながら魚種が少なく、マグロはなかったのではないかとも。

それ故、筆者が知りえた数種のマグロにかかわる切手の紹介にとどめるしかない。

まず、クロマグロの曳縄釣漁業をおこなっているバハマ諸島の切手は、ツナ・フィッシングとみえる。バハマ諸島はアメリカのフロリダ半島に近い大西洋の島々で、北回帰線上に位置する。もとはイギリス領であったが一九七三年にバハマ国として独立した。近くのバーミューダ諸島でもクロマグロ（英名ブルー・フィン・ツナ）の切手が発行されている。

コスタリカではビンナガマグロの竿釣漁をおこなっている切手を一九五〇年に発行している。ビンナガマグロは体長がおよそ一メートル内外、体重は一五キロから二〇キロほどの小型のマグロ類であるから、日本のカツオ一本釣と同じような竿釣漁ができる。肉質は淡紅色。やわらかいので刺身にはむかないが、最近は「ビントロ」とよんで腹のトロ部分の肉身は人気がでている。アメリカではシー・チキンの名で油漬の缶詰として人気がある。

ちなみに、コスタリカは中央アメリカのパナマに近い国で北緯一〇度線上にあり、西海岸は太平洋、東海岸はカリブ海。コスタリカ共和国として一九四五年に独立。

また、ビンナガマグロの切手は、タークス・カイコス諸島でも発行されている。ビンナガマグ

マグロに関する切手

ビンナガマグロの竿釣
（コスタリカ）

クロマグロの曳縄釣（バハマ諸島）

ビンナガの竿釣（タークス・カイコス諸島）

キハダマグロ（ガンビア）

ビンナガマグロ
（セイシェル共和国）

マグロ・カジキの曳縄釣
（ニューヘブリジーズ諸島）

ロは英名でアルバコーレ・ロング・フィン・ツナという。

もとフランス領であったセイシェル諸島はアフリカ大陸の東側、インド洋上にある。映画「さようならエマニエル夫人」のロケ地として知られる島々だ。近くにアミラント諸島があり、赤道から南緯一〇度、東経五〇度から六〇度内に点在する。セイシェル共和国として一九七七年に独立した。セイシェルでもビンナガマグロの切手を発行している。

ガンビアではキハダマグロの切手を発行している。ガンビア共和国は一九六五年に独立した。もとはイギリス領で、アフリカ大陸の大西洋岸に面し、セネガル共和国に囲まれた国である。キハダマグロの英名はイエロー・フィン・ツナ。オーストラリアでもイエロー・フィン・ツナとよばれ、同国でも切手を出している。またアフリカ大陸のインド洋側に面したタンザニア連合共和国（一九六一年に独立）でもキハダマグロをデザインした切手を発行している。

ニューヘブリジーズ諸島はオーストラリアの東側、メラネシアに位置する。赤道の南側、南緯一五度、東経一七〇度に近い。イギリス領やフランス領である。これらの諸島ではマグロやカジキの曳縄釣漁業がおこなわれ、釣漁業を図案化した切手が発行されている。

本格的なコレクター精神というか、「蒐集」の「蒐」の文字は草の根をわけて、鬼のような心で探しまわることだといわれるように、「収集鬼」になって探せば、マグロの切手もまだまだ集まるだろう。読者諸氏の中には、異なるマグロの切手をおもちの方がいるかもしれないと思う。

八　コインになったマグロ

以前、田口一夫氏の『黒マグロはローマ人のグルメ』という著者を拝読した際、「コインに描かれたマグロの絵」というタイトルに大変興味をおぼえた。

魚をデザインしたコインは古代のギリシア、ローマ時代に鋳造・発行されたものが多く、中でもイルカのデザインが多いことはよく知られている。

金貨に描かれたマグロは、紀元前三世紀から紀元二年頃まで、ジブラルタル海峡の近辺諸都市のもので、単純な魚のデザインだが、何故、マグロだとわかるのかというと、「マグロ特有の背鰭と尾鰭の間にある小さい独立した背鰭を明確に描き、さらに黒マグロの特徴である小さい胸鰭を無視しているからである」という。さすが、専門家の眼だ。

その後、筆者も素人なりに、魚をデザインしたコインの中に、背鰭に特徴のあるものはないかと探してみたが、そう簡単にみつかるはずはないのは当然といえよう。

しかし、最近になって、『世界コイン図鑑』を見ていると、クロアチアで一九九三年に製造・発行されたコインの表が「マグロ」、裏が国名・国章・額面を図柄にした貨幣（クーナ・複数形はクーネ・ＫＵＮＥ）を目にした。このコインに描かれた魚は背鰭の特徴はまったくないが、表に「マグロ・TUNI」と記されているのが嬉しい。

ちなみに、クロアチアは、一九九一年にユーゴスラヴィア連邦が解体して独立国となった。前掲書によると、「独立後、首都のザグレブで造幣局建設に着手し、一九九三年四月からコイン製造を開始。新貨幣制度実施は一九九四年だが、コインは製造開始の一九九三記年から存在する」というから、マグロのコインは独立後、最初につくられた記念すべきものといえよう。

なお、この際、裏面に関することも上述書により引用させていただくと、「クーナという貨幣の単位は、クロアチア語で小動物の〈テン〉を意味する単語で、中世ロシア、東ヨーロッパ地域ではテンなど小動物の毛皮が貨幣の役割を果していたことに由来しているとか。クロアチアコインのクーナ額面数字の背景で跳ねているのがそのテンで、額面はテンの姿そのもので表現されているともいえる」と。それで、このコインのデザインの意味がわかり、納得した。

また、「国名はクロアチア語でフルヴァツカ（HRVATSKA）と書かれ、クロアチア（CROATIA）とはどこにも出てこない」とも。通貨レートは、一クーナおよそ二〇円。

さらに、現在の通貨のうち、マグロを図案化したコインを、『世界コイン図鑑』により調べてみると、モルディヴ共和国のコインに、マグロをデザインして発行したものがある。

モルディヴは、二〇〇〇もあるといわれる珊瑚礁の小島からなる群島国家。一九六五年に独立し、一九六八年から共和国になった。今では世界的なダイビング・スポットの多い、海の観光国として日本人になじみ深い。

通貨の単位はルフィヤー。この貨幣単位は、イスラム国家である同国が独立した頃に使用していたペルシャのラリスタン地方の貨幣にちなんだもので、ルピーの訛ったものだという。その他コインの単位にラーリがある。一〇〇ラーリ（LAARI）は一ルフィヤー（RU—FIYAA）。通貨レートは約一二フィヤーで、およそ一〇〇円。

マグロ二匹を裏面にデザインした五ラーリの硬貨（写真）の初発行は一九八四年。イスラム国家であるため、西暦の算用数字にイスラム暦がアラビア文字で併記され、表には国名と額面が記されているだけ。特筆すべきは、硬貨の形がスカラップト（帆立貝形）をしていること。この国の一〇ラーリも同じような形をしているが、写真の五ラーリは八つの帆立貝形、一〇ラーリは一二の帆立貝形になっており、手がこんでいる。素材は一〇〇パーセントのアルミニュウム。直径二〇・三二ミリ（長径）、一七・七八ミリ（短径）。

なお蛇足ながら、この図鑑の「マグロ」は、「カツオ」のように思えるデザインの

クロアチアのマグロのコイン（2クーネ）
直径24.50ミリ．重量6グラム．素材は白銅亜鉛．1993年発行（銅65％ニッケル23.2％．亜鉛11.8％）（『世界のコイン図鑑』より）

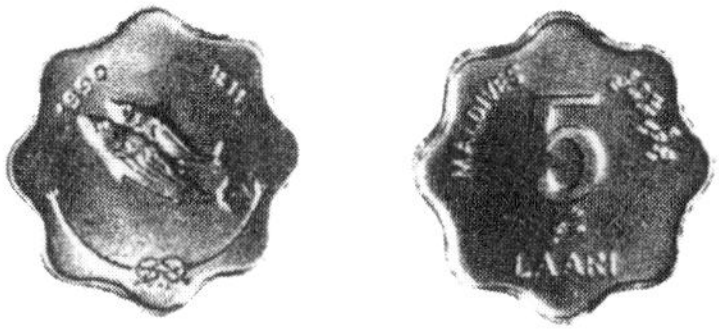

モルディブのマグロのコイン（5ラーリ）
直径20.32ミリ（長径）．17.78ミリ（短径）．重量0.95グラム．素材アルミニウム．1990年発行（アルミ100％）（同上書より）

『アルカイック期および古典期のギリシア貨幣』にみえるマグロ
（同書より）

ような気もするが、高著を引用させていただいており、現物を確認していないので、なんともいえない。

田口一夫著『黒マグロはローマ人のグルメ』の中に、「金貨に描かれたマグロ」と題して、紀元前三世紀から紀元前二世紀頃まで、ジブラルタル海峡の諸都市で発行されたという写真と図柄が掲載されている。

コーリンM・クレーイによる『アルカイック期および古典期のギリシア貨幣』には、魚類を図案化したコインも数多く掲載されているが、それがマグロ類であるかどうかを確認するのは困難である。

ギリシア史では、紀元前七世紀または紀元前六世紀から、紀元前四七九年までをアルカイック（期）、古典期は紀元前四七七年から紀元前三三六年まで、その後はヘレニズムと細分している。

ここでは、前掲書の中から、特にマグロと思われるデザインのコインをいくつか紹介するにとどめた。

九　マグロの加工品・缶詰

マグロの加工品といえば、まず筆頭にあげられるのが缶詰であろう。「サケ缶」は、戦時中に保存食としてあったが「マグロ缶」はそれ以後にでまわるようになった記憶がある。

中学、高校生の頃、キャンプに出かけるときには、決って「マグロの味付フレーク」や「マグロの大和煮」を持参した。安価だったことによるのだ。しかし、外国へ送り出すマグロの缶詰は「油漬」が主流であった。それは現在でも変わっていない。

今日では「ツナ・サンド」といえば、大人より子どもの方がよく知っており、「ツナ・カン」の愛称でマグロの缶詰は人気が高い。

しかし、生食好きな日本人にとっては、あまり人気がなかったといってよい。

ところが欧米では古くから「ツナ・カン」は人気で、日本で最初につくられたマグロの缶詰（油漬）は昭和四年（一九二八）にアメリカへの輸出用に製造されたものだと伝えられている。

したがって、マグロの缶詰は輸出が主な外貨獲得商品だったのである。マグロ類のうちでも白身のビンチョウ（マグロ）やキハダ（マグロ）、メバチなどがその材料に多く使われたが、最近のように、この種のマグロ類も漁獲枠に入れられるようになると、缶詰も値上げせざるを得なくなるであろう。それに、ビンチョウ（マグロ）のトロのように「ビン・トロ」の名で人気上昇ということになれば缶詰製造業者もうかうかしていられない。

マグロ・フレーク（味付）の缶詰ラベル（清水食品製）

マグロの大和煮缶詰ラベル（清水食品製）

マグロのオリーブ・オイル漬（スリーパール印）

十　地中海のマグロとボッタルガ

かつて、わが国には九学会連合会という学際的な研究機関があった。九つの学会がお互いに、学問的な隙間を埋めたり、隣接する諸科学、学科の新しい研究情報をすばやく入手、交換するなどが、この研究機関の主な目的であった。その九学会の大御所に社会学者の田辺寿利氏がいた。その田辺氏は、ある日、

古代ギリシアやローマなど、地中海世界で、あれだけ文明が栄えたのは水産資源が豊富であったためだよ……。特にマグロが多かったからだ。

といながら「ナショナル・ジオグラフィック・マーガジン」に掲載されていた地中海のマグロ漁の写真の数々を見せてくださった。今になって想えば、筆者が、研究対象としての、食べられない「マグロ」を意識したのは、その時が初めてのことだと思う。

ところで、古代地中海の世界で文明をはぐくんだ「地中海のマグロ」のことに関しては、田口一夫氏による『黒マグロはローマ人のグルメ』に詳しいので、地中海沿岸の各地で加工されてきたマグロの卵巣の天日乾燥による「ボッタルガ」についてふれておきたい。

もとより、ボッタルガはイタリア語で、日本流にいえばカラスミ（鱲子）を意味する。マグロ

日本で輸入しているスペイン産ボッタルガ（トンノ）の商標

の卵巣を塩漬けし、天日乾燥させて加工したもの。マグロをイタリアではトンノというので、「マグロのカラスミ」は、「トンノ・ボッタルガ」とか「ボッタルガ・ディ・トンノ」と呼ばれる。

マグロの卵巣なので、大きさはさまざまだが、大きなものになると長さ約四〇センチ、太さも周囲二〇センチもある。超大型のカラスミ（形が中国の良質な唐墨に似るので、この名がある）と思っていただきたい。

マグロの卵巣を塩漬けにしておくので、塩分が強いため、食用にする場合には、薄く切ってオリーブ・オイルに漬けておき、パンにはさんで食べたり、こまかく削り、スパゲッティーに混ぜあわせたり、食材としては便利であり、上等でもある。ワインのオードブルとしても…。

デパートの食品売場（デパ地下）に足を運べば、最近はどこでも輸入しているので手にはいる。

十一　マグロの水揚げ・輸送と「トロ箱」

生マグロを流通させるための保存方法や輸送手段も時代の流れとともに変わってきた。現在のマグロは一部の沿岸（近海）モノを別にすれば、遠洋延縄漁船の漁場で漁獲されるとすぐに、超低温のマイナス六〇度近くまで急速冷凍されてしまう。マイナス六〇度ほどに冷凍するには、およそ二昼夜ほどかかるのだと聞いたことがある。

今日の「一船買い」とよばれる商社の商法にあわせて商売をするのは大型船が多く、中型ないし小型のマグロ漁船は比較的近海での操業が多いため、今でも魚市場の岸壁に直接船を横づけしてマグロをおろし、入札やセリをおこなっている。

神奈川県三浦三崎港、静岡県の清水港や焼津港などは産地市場とよばれ、漁船が直接岸壁について、マグロの水揚げをおこなってきた。

以前は、三崎をはじめ、清水や焼津での冷凍マグロの水揚げ高は、全国の八〇パーセントにも及ぶといわれていたが、商社などによる「一船買い」により、東京築地に水揚げされる冷凍マグロの量が急増した。

この他に、主な生マグロの水揚げ市場として知られてきたのは、北から宮城県の気仙沼、仙台

急速冷凍されたマグロの水揚げ
（及川竹男氏撮影・提供）

マグロ輸送用のトロ箱（千葉県鴨川漁港で）

の塩釜、紀州勝浦など、多くの漁港があった。

水揚げされた生マグロはトラック輸送にたよることが多かった。以前は、マグロの水揚げ日本一を誇った三浦三崎の街中を歩けば、いたるところに生マグロを入れて運搬するための「トロ箱」とよばれる大きな木箱が山積みされていたが、今日ではその姿を見ることはできない。

「トロ箱」というのは、生マグロを一本横に寝かせ、隙間にくだいた氷をつめて輸送するもので、長さは約二メートルほどある。木箱の横には仲買人の「屋号」や「記号」（標識）などが印されている。「トロ箱」が活躍したのは、輸送に氷が必要な時代までのことで、冷凍車ができる以前のことであった。「箱」は、もとの市場に帰ってきて再利用された。

本書をまとめることになり、「マグロを運搬するための木箱を、どうして〈トロバコ〉と呼ぶのか」という疑問をいだくようになり、三浦三崎で厳父が魚問屋をやっていた、畏友の久野隆作氏（元市長・故人）が以前、筆者に、「マグロのことで、わからんことがあったら、なんでも俺に聞いてくれ」といってくれたことがあったので、後日、伺ってみたが、残念ながら「それだけは、わからん」という返事だった。そこで、東京品川にある「物流博物館」にお邪魔した際、学芸員の玉井幹司氏に伺ったところ、大正十一年（一九二二）に東京市商工課が調査した「日本橋魚市場に関する報告書」があり、それによれば、「鉄道や水運で日本橋の魚市場に入荷する魚の容器の種類は、名称だけでみても箱類は石油箱・トロール箱（トロ箱）など五十四種にのぼる」とみえる。トロール箱は、トロール船が網を曳くと大量の魚が漁獲できるので、大きな木箱を用いたことにはじまり、この大きな箱が「トロ箱」と呼ばれるようになり、マグロがおさまったのだとか…。さすが、博物館である。

十二　カジキ・マグロ漁（突ン棒）漁

カジキは「カジキ・マグロ」とも呼ばれ、一般にマグロの種類に仲間入りすることが多い。本来の戸籍（分類）は（Ⅰ－五）で明らかにしたが、カジキをマグロの仲間に入れても、動物や魚類の分類学者以外、不服をいう人はいないと思う。

特に伊豆稲取では水揚げも多く、伊豆半島の旅館では、カジキはマグロとしてあつかわれ、市場価格も時によってはマグロよりも高値になることさえある。その理由は、カジキは、他のマグロ類とちがい赤身ではないが、肉質がしっかりしており、刺身に調理して長時間おいてもクタクタにならず、身がしっかりしていることにある。

それ故、団体客を多く受け入れる温泉旅館では、宴席の準備をするのにカジキはありがたい刺身の食材なのだ。あわせて、客に「この刺身はなんという魚ですか」と聞かれても、仲居さんが「カジキ・マグロです」と答えて応接すれば、うってつけの「マグロの刺身」になるのがカジキなのである。

このように、カジキ類はマグロの仲間として扱われるが、カジキにも分類学上、マカジキ科とメカジキ科があり、中でもマカジキは肉質がキハダ（マグロ）に似た淡紅色をしているので、素

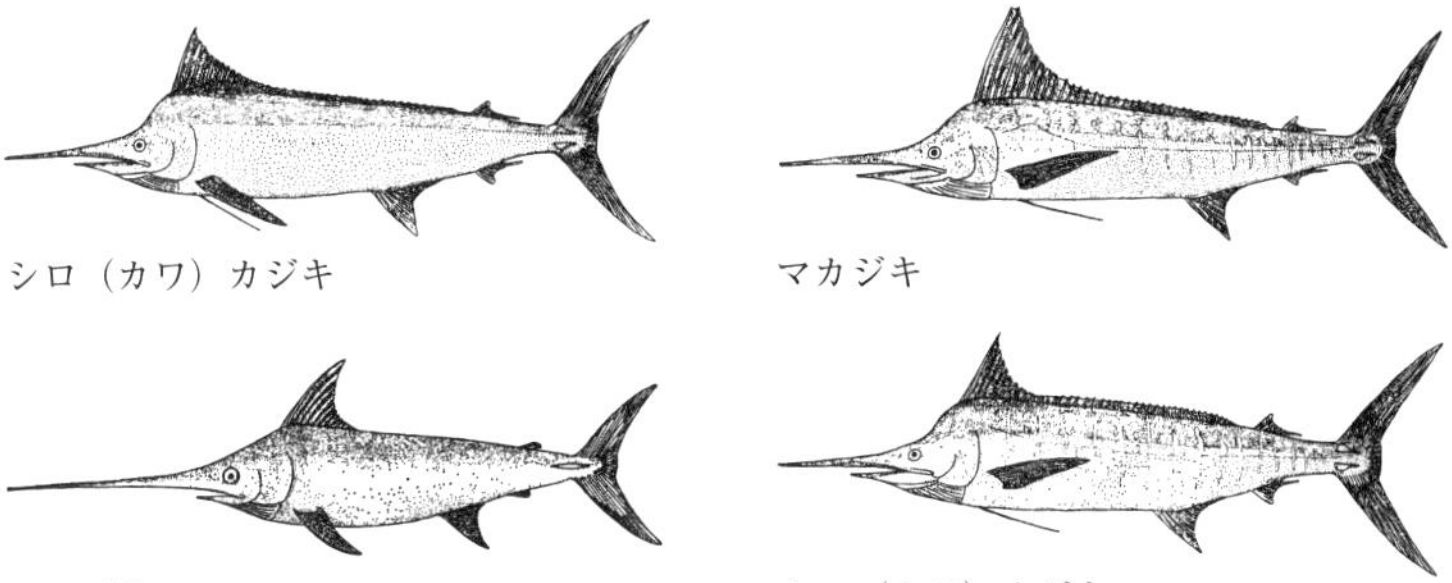

カジキ・マグロ（中村等「カジキ類の分類学的研究」1968より）

人では区別がつけにくい。

大型の洄游魚であるカジキは、生息している海域がマグロとほとんど同じである。マグロは延縄漁《はえなわりょう》や定置網漁・巻網漁などによって漁獲されるが、その中にカジキも混じって漁獲されることが一般的である。

だが、わが国にはカジキだけの漁獲を対象としておこなわれてきた「突ン棒」とよばれる漁法がある。この漁法は大分県津久見市保戸島や同県の臼杵市、千葉県の外房、相模湾沿岸の長井や大磯、二宮の漁村など、ごく限られた地域の漁師たちによって今日まで伝えられてきたにすぎない。

カジキ類の漁獲はヘミングウェイの『老人と海』という作品以来、世に知られるようになったとはいえ、こうした大型の洄游魚を捕獲する場面を実見する機会は、沖合での漁であるため、漁師に限られてきた。

そこで、読者諸氏を、カジキを捕獲する漁場に紙上案内させていただこうと思う。カジキ漁にかかわるその刹那、迫力と興奮が筆者のペン一本にかかっていることを思えば責任重大であることなのだが…。

数十年も前の話である。九月にはいって、おかしな形に梱包された荷物が拙宅にとどいた。「こんな、変な……」と、はじめは中身を憶測するすべもなかったのに、千葉県「勝浦局」の消印を見たとたん、「あれだな……」と思って小躍りしたのが忘れられない。

荷物の中身の〈銛〉を手にしたとき、筆者は胸をキューンとしめあげられるような興奮のうちに、カジキと闘いながら暮らしをたててきた外房の町や村を回想し、年老いた漁師たちの身を案じつつ想いを巡らした。

房総半島の白浜・千倉・鴨川・大原などは、いずれも明るく豪快、奔放な外房の漁師町にちがいない。だが、それぞれ個性をもっている。〈荷物〉を送ってくれた勝浦は外房屈指の漁港というだけでなく、伝統に培われた風格や、暮らす人々が海民としての品格をそなえているような気がする。〈銛〉を恵贈していただいたのは、その勝浦在住の、漁業・漁村研究家である矢代嘉春氏〈黒汐資料館長〉であった。

房総の漁業は近世初頭から発達した九十九里浜のイワシ地曳網漁業をはじめ、サバ一本釣、サンマ刺網が中心であった。しかし、イワシは揚繰網《あぐりあみ》による沖どりがおこなわれ、サンマは棒受網《ぼううけあみ》にかわり、沿岸で魚群を待つ漁業はしだいに衰えてしまった。

男たちは沿岸漁業にみきりをつけ、遠洋漁業のマグロ船に乗って出稼ぎに出る者も多い。都会に出て働く者もいる。が、やはり陸《おか》での仕事はこばみがちである。働くとすれば京浜、京葉方面の油運搬船や引きボートに乗りたくなる。それは漁師の脈打つ血潮の中に、先祖伝来の海に生きた誇りと情熱があるためかもしれないと筆者は思う。

女や老人も男たちが留守のあいだ家を守り、子を育て、野良仕事や浜仕事にいそがしい。温暖な気候を利用しての花卉栽培がさかんなこの地方では、それが冬の大きな現金収入源となる。

矢代氏から荷物を贈ってもらい、「今年もまた近海でカジキを突く漁季だな…」と思ったとき、外房の海辺へとび出していきたい焦燥の念にかられた。

カジキを突く銛がとどいてから三日ほど過ぎて、筆者は黒潮の躍る外房の海を見た。九月の海は自然の表情にかえり、砂浜をかきみだした他所者《よそもの》の足跡はもうない。素顔で対面できるのが嬉しく心がなごんだ。やりきれなく思ったのは、シーズンを過ぎても片づけない海水浴場の看板、白いペンキのはげた別荘、民宿の閉ざされた窓辺などを見ることだった。そこにはなんとも間抜けた、みすぼらしい風情が漂い、倦怠感すらかもしだされた。筆者を乗せたバスは、そんな漁村をいくつも通りぬけ、灯台が望める広場でとまった。

久しぶりに会った白浜の船頭、木曽清七さんはすこぶる元気で、筆者を安心させた。十四歳から「突ン棒」一筋に生きてきた海の男である。前年、船をやめてしまったという。一四、五人の乗組員が集まらなくなったのと、漁獲高が減ったのがその理由だと寂しそうに話した。

外房の漁業で「突ン棒」ほどの花形はない。若い頃、一日に五〇本もカジキを突いたことのある船頭・船長の彼にしては、船をおりることが辛くて残念だった。しかし、採算がとれなければ

カジキを突く銛の準備をする船頭（白浜にて、1971年）

これもしかたがない。民宿（旅館）の経営者におさまったのもその結果であった。

だが、九月になると、やはり海に出たくなる。過去の栄光にたいする郷愁ばかりではない。もしかしたら、すぐ沖の海にカジキのナブラ〈群〉がきているかもしれないからだ。そう思うとよけいに悔しいと、彼は嘆く。ときにはがまんできなくて、小さな船を出すこともある。〈仁幸丸〉だ。昔だって、いつも漁があるというわけではなかった。カジキのような大モノほどあたりはずれは大きいのである。

一見、おおらかにみえる漁師の生活も、実は緊張の連続で気楽ではないのだ。陸にいても、風向きや雲の流れを気にしなければならない。海に出れば、潮流や海水温に気をくばりながら船を操舵しつつ、カジキを見つけなければならない。カジキ漁（突ン棒）ほど上手、下手の差がはっきりする漁はほかにはあまりないという。それだけに厳しくもあり豪快である。

久しぶりに〈仁幸丸〉は艫綱《ともづな》（船尾にある船をとめておく綱）をといた。

マカジキの適水温は一八度、メカジキはややつめたい一六・五度から一七度の潮にのってあらわれる。あまり凪でもわるい。四メートルから五メートルの風はあった方がよい。白浜では南西の風が吹き、潮が東灘へはいることを「コミマッシオ」というが、こういう風向のときは大漁のことが多かったという。

毎年、春先の三月から夏にかけて水温がよくなると、カジキは尾を海面にのぞかせることが多いと聞いた。ナブラのときは五本も一〇本も尾が水面に見えることさえあるらしい。

こんなときは、血がわきあがるほどに興奮する。だが、これも眼がよくなければ見逃してしまう。寒い時季になると、尾が海面に出ることはすくない。しかし、魚体は赤みをおびて見えるから、色具合でカジキを見つけることもできる。漁師はこれをアカミと呼ぶ。

普通は、海鳥の飛びかたでカジキのいる場所を探しあてることが多いのである。これを漁師は「トリツキ」と呼んできた。小モノのときは海鳥がせわしなく小羽根をつかってチョッ・チョッと飛びまわり、おちつかない。だが、大モノにつく海鳥は、海上をフワー・フワーと大きく旋回するのが普通だ。こんな海鳥を発見すれば、漁師の目は血走り、心は勇みたつ。

時は流れ、太陽もやや西に傾きかけた頃だった。突然、船頭の鷹のような金色で鋭く、緑がかったようにも見える大きな瞳が輝いた。海鳥の大群だ。漁船は三時の方向へ全速力で大海原をつっぱしる。小さな船で数人しか乗っていない漁師のあいだにも緊張した空気がみなぎる。追跡だ。

船頭（銛ウチ）は、すばやく相手（カジキ）の様子をみさだめる。ナブラになったカジキはお

舳先の長い船は突ン棒漁の特徴（白浜）

となしい。賢いうごきをするものはナブラの端のものと思ってよい。

船頭は舳先《へさき》の台上へのぼり、サンダル状に固定した足どめに身体をすえ、舵取りに手で合図をおくりながら、無言で前方をにらむ。しだいに海鳥も数を増し、海面すれすれに飛びかう。カジキは近いか…。

その時だ。船頭は左手に先端が三ッ叉になった銛を力強く摑みあげてかまえた。三ッ叉の先端はとりはずしのできる鋭いモリがさしこまれ、樫材の棒は三メートルから四メートルある（長さは一六・五尺に決っている）。（220頁写真参照）

と見るや、用心深くカジキに近づいた船からタイミングをみて、船頭がカジキの好物であるサンマをポーンと鼻先にむかって投げた。一瞬、餌にありついたカジキは気をゆるめたのか速度をおとしたかのように見えた。その瞬間を船頭はみのがさない。チャンスだ。舳先前方四五度…。カジキがカバッッ巨体をくねらせて水面をかきみだした瞬間、船頭のつま先に力がはいり、イキがとまった。とみるや、つづいて「トウー」という鋭い声とともに、銛棹は渾身の力をこめて、鋼のような腕から投げられた。命中したか…。息詰まるほどに緊張と興奮の交錯する一瞬だった。

船頭の持った銛棹が手をはなれ、カジキが〈ガバッ〉っともんどりうって潜る瞬間以前に、とっさに船頭は〈空間の手答え〉を感じたという。と同時に、足もとにおいたヤナワカゴのヤナワ（ロープ）がものすごい速さでくり出されていく。〈やった…。〉命中だ…。船頭の日焼けした厳しい顔が思わずほころんで振り返り、眼で舵取りにお礼の挨拶をしたように見えた。

銛先はカジキに刺った瞬間、半回転して体内にするどくくいこみ、銛先につけられたヤナワでカジキは船に引きよせられる。最近の大型船は、電気ショックでカジキを弱らせるが、小型の船にはそんなものは積んでない。だから、カジキも簡単には参らない。「しめろ…」「ストップ」「しめろ…」と船頭の合図が矢継ぎ早にとぶ。

このときのために、長年にわたって鍛えられた鷹のような眼と、鋼のような腕と、するどい勘が必要なのである。それに船頭が安心して舳先にたてるためのよい舵取りがいなければならない。チームワークが大切だ。

〈突ン棒〉こそ、紺碧の海にくりひろげられる勇壮なドラマであるといえよう。海に生きる豪快な男だけに唱いあげることをゆるされた闘いの叙事詩なのである。

いや、筆者は言葉を慎まなければならない。この瞬間こそ、漁民が全生命を賭けた現実への挑戦なのだ。真剣勝負以上のものだと思う。してみれば、ロマンチックな言動や表現は許されないだろう。

舳先に立つ船頭が大きく見えた。闘いおわってヤナワをまきあげながら燻す煙草のうまさが筆者の口もとにまでつたわってくるような気がする、心のやすまるひとときであった。

船は全速力で帰港の途についた。

大正時代頃まで、〈突ン棒〉の船は和船で五挺櫓をおした。銛先もその頃は二本（二叉）であった。漁師はそれを〈叉金〉といったが、昭和のはじめになって三本（三叉）のものに変わった。矢代嘉春氏から研究資料として贈られてきた銛はこの種類のものであった。

船も動力船になり、昭和三十年代には三五トンほどに大型化された。しかし、漁獲高は年ごとに減少した。

外房漁民の暮らしの中で移り変わったものは、漁業生産にかかわる道具だけではない。生活のしかたそのものも大きく変わっている。いまや、漁業社会の伝統は寸断されてしまい、画家青木繁が「海の幸」を描いた迫力あるモチーフはどこの漁村にもみられない。漁師の気風もかわり、いくじのない者ばかりになったといって故老はなげく。

和船のころは水平線のかなたまで櫓拍子をそろえて押し出したり、帆走したものである。外房では「高塚八合」とか、「高塚いっぱい」という言葉がある。七浦には高塚不動尊が今でも祀られている。この言葉は、沖に漕ぎ出した船が山を見てマグロやカジキの漁場を知るための〈山あて〉のなごりである。それは高塚山がいっぱいに見えなくなる沖まで押し出していったことを意味していた。その漁場は大型洄游魚のマグロやカジキの多い好漁場であった。しかし、遭難の危険も多かった。それ故、「高塚いっぱい」より沖の、陸地が望めない好漁場は「後家場」とよばれた。

その時代の漁民にとっては、自分の腕にかかる櫓を押す力と、ひたすらな信仰心以外に、頼り、かつ信じることのできるものはなかった。だからこそ、自然を相手として生きる漁師にとって、信仰は大きな力でもあったのだろう。

漁がなく、肩をおとして、人目を憚るように帰港することもしばしばあった。だが、〈大矢声〉勇ましく櫓拍子をそろえ、五色の大漁旗をおしたてて賑やかに入港することもあり、そんな日の浜は賑い、わいた。オッカア（主婦）がいそがしそうに小走りしたり、子供までがうきうきした気分になって浜は活気にくるまれる。

普段の生活は、できるだけつつましく、物日にはできるだけはなやかにというオリメ・フシメのある暮らしをつづけてきた海付きの村々では、正月や盆と同じように、大漁こそ晴れ（ハレ）の日にちがいなかった。茜色に染めたフランネルの鉢巻や手拭が船主の家から船子にくばられ、宴席がもうけられた。大漁つづきのときは引出物としてマイワイ（万祝）の反物がだされた。そして夜中まで大漁節が村中にきこえた。やがて、大漁のお礼参りに、一同うちそろって氏神や船玉大明神はもとより成田山、大山、日光などへ、揃いの万祝着を羽織って、おし出した。

今、外房の村々や、黒汐資料館などに残る万祝着が、当時の晴れやかだった栄光の日の一断面を無言に語ってくれる。（195頁参照）

その後、筆者は、矢代氏から贈られたカジキを突く銛を手にしながら夢想した。眼にうつる海は昔とかわらなかったが、白浜での体験や話は、荒廃していく海に対する挽歌だったかもしれないと…。

手中にあるカジキを突く銛や、旅で見た万祝は、古き良き時代のモニュメントなのだろうか。しかし、カジキは実際に漁獲できる。だが獲るヒトがいなくなっているのだ。

筆者は外房の海へまた行きたくなった。今度は冬の海辺で、おもいきり自分の時間をもってみたい。そして潮風のわたる美しい風光の中で豊かな心情をいだきつつ暮らしている多くの人々から、〈房州唐桟〉のように素朴で力強く、丈夫で軽やかな、飾らない心の糧を、おみやげにもち帰りたいと思う。

筆者がカジキ漁にかかわったのは、この作品が一編あるにすぎない。今となっては近海でのカジキの突ン棒漁は旧廃漁業となってしまい、新しく取材をすることができない故、旧稿の初出誌（「紺碧の海の漁師たち」）に加筆した。

なお、ヘミングウェイの『老人と海』さながらの、一人乗り漁船によるカジキの一本釣は、沖

カジキの剝製（フロリダ・キー・ウエストのスロッピー・ジョーの店で）

縄県の与那国島では現在でもおこなわれている。エサはカツオを一本ごと使ってのヒキヅリ漁法だが竿を使うことはなく、釣糸を直接手に握る。大物になると二〇〇キロをこえるクロカワカジキなどが漁獲できるので一人で船上に引き揚げるのに苦労する。

カジキ漁法についてふれておくと、鹿児島県内には「カジキ流し網」（刺網）という、めずらしい漁法があり、県内ではかなり広範囲におこなわれてきた実績もある。

『鹿児島県の漁業』（二〇〇三年）によれば、鹿児島県内におけるカジキ流し網の経営体数は八三件で、多い地域は「市《いち》来《き》町一五・内訳（市来一五）、下甑村一四・内訳（下甑一四）、笠沙町一二・内訳（笠沙六・野間池六）、上甑村一一・内訳（上甑五・浦内三・平良三）、東市来八・内訳（東市来八）、根占町五・内訳（根占五）、串木野市三・内訳（羽島三）、その他は、川内市の川内一、里村の一（以下略）」などである。

十三　ホビーで釣るマグロ

このところ素人が大物のマグロ類やカジキ類を趣味で釣ることがさかんになりつつある。誰にでもできるわけではないように思われるマグロ釣りも、少しの心がけでできるのだ。

こうしたスポーツ・フィッシングはアメリカのフロリダなどでは、かなりの歴史があり、ご存知のアーネスト・ヘミングウェイ（一八九九年〜一九六一年）は五〇年も前の作家だが、大物の釣り好きで知られた。

大物釣りはディープ・シー・フィッシングとか、ビッグ・ゲーム・フィッシングなどと呼ばれフロリダ半島の先端のキー・ウェイスト、ハワイ島のコナ沖、オーストラリアのケアンズ沖合など、よく知られた釣り場があり、釣大会も開催されている。日本では与那国のカジキの一本釣りがよくテレビで放映されるなどして有名だ。最近は青森県の大間崎でクロマグロに挑戦する人もいる。漁業協同組合できめられたルールにしたがえば、これも可能なのだ。「少しの心がけで、だれにでもできる」といっても、大物はどこでも釣れるわけではないから、漁場までの「時と金」がかかるのはしかたがない。

筆者がでかけたことがあるのはマイアミ（キー・ウェスト）やハワイ諸島（オアフ島）だ。観光客の多いハワイのワイキキ海岸に近いハーバーなどでは、早朝の三時頃に出港して、その日の夕方に帰港できるツアーもある。予約で漁師の船をチャーターすれば、朝食のサンドイッチやランチ、飲物までサービスしてくれるだけでなく、ホテルまでの送迎もしてくれる。ただし、気をつけなければならないのは、最近、市場でマグロ類やカジキ類が高値で取引されるようになったので、きちんとした契約（約束）をしておく必要がある。

その第一は、趣味で大物釣りにチャレンジするのだから、「豪快な釣りの醍醐味だけを楽しむだけ」の契約。こうした大物釣りは、船はもとより、釣り具からすべてを漁師が準備してくれて、身体一つで船に乗り込み、ルアーを流し、運良く獲物がかかれば、ファイティング・チェアーに座り、トローリングを楽しみながら、大物と対決する場面を体験できる。「無駄な体力は使いたくない……」と思っている方にはむかないが、大物釣りはスポーツなのだ。大物といっても、なにが釣れるかわからない。サメもいればマヒマヒ（シイラ）もいる。運が良ければカジキやマグロもかかる。釣果があるだけで満足しなければならない、帰りはお土産なしの契約である。

第二の契約は、釣れた魚の身肉は漁師のもので、市場で取引できる権利は漁師にあるのだが、釣果を誇る記念に剥製にするために皮を剥ぎ（要するに食べられない、売れない部分を）持ち帰ることができるという契約である。博物館などであつかわれる標本の剥製は、小さな魚体でも数万円から数十万円の製作費がかかるので、あまりにも大物を釣り上げてしまうと、あとで出費が多くなり、泣くはめになりかねない。

ホノルル沖でのマグロ釣り（1982年、筆者）

オンフルール（フランス）で（筆者近影）

第三は、獲物が手にはいったときの権利を釣り人（契約者）がすべてもつことができるという内容の契約。すべての権利といっても、身肉は市場に売りに出し、皮は剥製にするために持ち帰り、釣果の記念に応接間に飾るとか…。

もっとも、この契約で大物が釣れてしまうと、現在の住宅事情では問題がおきないともかぎらない。マグロ類などの市場における商品価値があがっている今日では、まるごと市場に売りに出して、漁船のチャーター代金にあてればおつりがくるかもしれない。

ところで、残念というか、「幸か不幸か」筆者はいまだかって、どの契約にもあてはまるような釣果に恵まれたことがない。いちばんチャーター料の安い第一番目の契約にしているのだが…。いつも、船に備えつけてある大きなクール・ボックスの中に、空になったビールのカンやワインのビンを港に持ち帰るだけだが、期待感だけは忘れられず、また挑戦したくなるというのがホビーなのだ。

さて、読者諸氏はどの契約を選ぶであろうか…。

最近は、わが国の近海や離島でも、こうしたビッグ・ゲーム・フィッシングがさかんになりつつある。時折、有名人が大物を釣りあげたなどという話題も聞く。

その気になれば家族でも気楽に参加できるので、ぜひともファイティング・チェアーに座って豪快な大物釣りに挑戦されることをおすすめしたい。

フィッシングというスポーツは男性だけのものではなく、女性も同じように日常的に楽しめるのだから…。

十四　マグロの見方・選び方

マグロ料理にもいろいろあることは既述してきたが、やはりマグロは刺身で食べるのが一番美味だということになろうか。そこで、マグロを解体してから、家庭で刺身になるまでの流れと、買う場合のポイントについて記しておこう。

マグロの刺身で「大トロ」が好きだとか、「中トロ」がいいとかいう、脂ののりかたで選ぶのは個人的な好き嫌いなので、それは別の話にしなければならない。だが、一般的にいって、脂ののりぐあいを別にすれば、なんといっても鮮かな赤身のマグロは見た目もよく、食欲をさそう。しかし、マグロがそのような姿、形になるまではたいへんなのだ。なにしろ大きいのだから…。

その大きなマグロを解体するには、大包丁でアタマをおとし、ムナビレ、セビレをナタでおとす。その後、ノコギリを使ってハラをひらくという手順だが、冷凍マグロのばあいは電気ノコギリを使わなければ解体作業にならない。

今日、活きたマグロを一本（尾）入手したとしても、食べるまでに解体できる人はいない。解体に必要な道具がないからだ。そこでまず、解体の手順をみていこう。

最初は頭などをはずしてから「三枚におろす」ことからはじまる。「三枚におろす」とは、頭を切ったあと、背骨をさかいに両側の身肉を割くと、左右の身肉二枚と骨とで三枚になることだ。左右二つの身肉の状態は製品名として、「フイレ」とよばれる。

次に、「フイレ」を上部（上物）と下部（腹）にそれぞれ割って四つ割になった状態を製品名で「ロイン」とよぶ。

「ロイン」になった場合は、マグロの「背」にあたる部分と「腹」にあたる部分に解体されるため、「背」にあたる部分はおもに赤身と中トロでしめられることになり、「腹」の部分の「ロイン」は、皮下にトロが多く、内臓を包んでいる部分は特に脂が多い大トロの占める割合が多い「ロイン」ということになる。

魚市場（魚河岸）では「ロイン」を「一丁」ともいい、背の部分の上部を「背一丁」、下部の腹の部分を「腹一丁」とよんでいる。

それでも、まだ一匹（本）のマグロが四つ割になっただけなので、かなり大きい。

次に、四つ割になった「ロイン」の一つ（一丁）

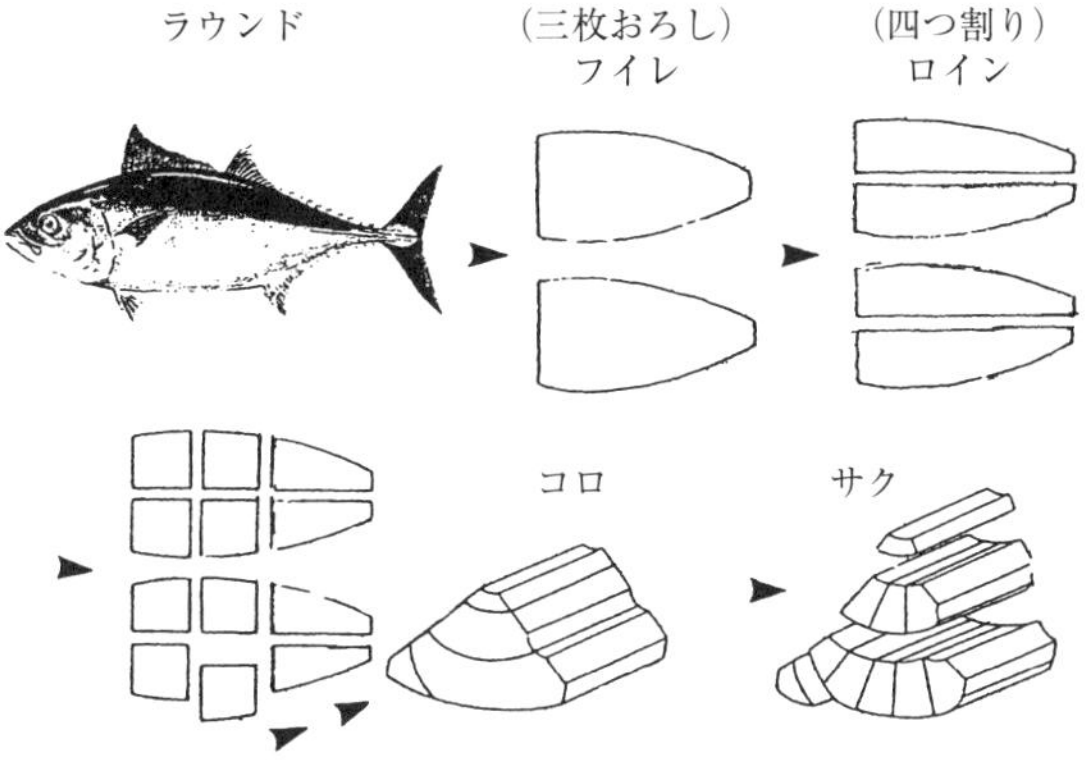

マグロの製品名　（原図はおさかな普及協議会大日本水産会『魚』№43より改変）

を三つぐらいに分割していく。この場合は注文に応じての大きさにしたがってわけていくので、三つになるとはかぎらない。

この状態の製品名を「コロ」とよんでいる。

さらに、その「コロ」をいくつかの「サク」に切っていくと、鮮魚店やスーパー・マーケットで売っている大きさになる。

冷凍マグロの場合は、末端の消費者に届くまで、ほとんど冷凍状態なので、マイナス六〇度のカチン・カチンのまっ白で、マグロから白いケムリがたちのぼっている冷凍ものをバンド鋸とよばれる電気ノコギリをはじめ、さまざまな機械や道具を使って解体していかなければ「コロ」にならない。

店頭に並んだマグロの「サク」を見ると、鮮やかな紅色の、身肉が輝き、艶やかかなサクもあれば、まだ解凍されないで表面は白いものなどさまざまである。それでは、どんなサクを選んで買うべきなのだろうか。

サクでマグロを買うときは、見た目で楽しむ刺身料理での食材であろうから、赤く輝いたサクを選び、割れ目や傷のあるものは避けたい。マグロ選びの第一は、まず「色」だ。

次に、マグロのサクをよく見ると、スジが多いサクもあれば、スジの少ないサクもある。スジが多いサクは頭部に近い部分か、尻尾に近い部分なので、できるだけスジの少ない部分を選ぶべきであるのは当然といえよう。

「コロ」の状態で売っている冷凍マグロは、頭部や尻尾の部分のどちらか一方が細くなっているので、すぐにわかる。長方形で平面的なコロの部分の方が無難であろう。サクの状態で売っているマグロは、よく見るとスジの様子が見えるので、縦にスジが柾目《まさめ》に入っているものを選べば最良のものである。次に、スジが斜めに入っているものは普通の品だと思えばよい。

スジ目が半円形のような状態だったり、スジ目がたくさん並び、間隔の狭いものは選ばない方がよい。とはいってもスーパー・マーケットなどの店頭に並ぶマグロは解凍できていないものがあり、スジ目がよく見えないサクもある。店頭で見たときにスジがないように見えても、買って帰ってよく見ると、スジが多かったりすることも。このようなマグロのサクは、できるだけスジを短く切るように包丁を使った方が良い。刺身も姿や形より食べやすいように工夫すべきだ。

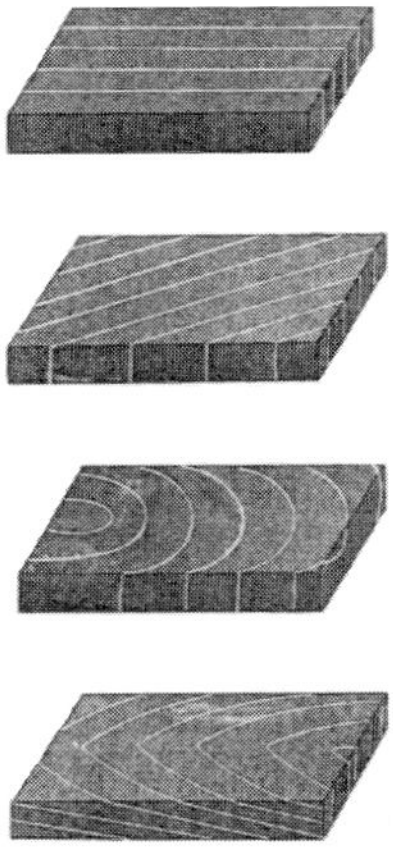
1：スジがサクの長い辺に対して柾目にはいっている（最良）
2：普通（良）
3：良くない
4：良くない
サクとスジの様子

また、冷凍マグロが店頭に並んでいるようなときに、解凍までの時間がちがうので、サクを入れたパックにマグロの身の赤い汁がにじんでいたりする場合がある。これは解凍が進みすぎて身肉もやわらかくなっているシグナルでもあるので食べるまでの時間を考え、敬遠すべきサクである。

筆者の手もとに一冊のマグロに関する本がある。

著者の大森徹氏はマグロ船の船長をしたり冷凍食品会社に勤務したことがある、この方面で実務的に経験豊富な人だ。その著書『マグロ随談』によると、「サク」という呼び方は、もとより「短冊型」（短冊のような長方形）をしているところからこう呼ばれているのだという。そして、

この他にブツと呼んで、山かけ用とか、タタキや揚げ物の素材とし商品化します。ブツ切りからきた呼び名です。これが五〜十パーセントぐらいでしょう。したがって水揚げされたまぐろの中、人間の口に入る可食部分は六十〜六十五パーセントということになり、後は捨てられるわけです。（中略）

サク取りの基準ですが、魚種や品質により、また特売用などで少しずつ違いますが、メバチの平均的なサクの大きさは、幅五〜六センチ、長さ十二〜十八センチ、厚さ約一・五〜二・〇センチ、目方で百五十グラム〜二百グラムといったところです。刺身一切れの重さは十二、三グラムが標準と言われていますので一サクから取れる刺身は十二〜十五切れとなります。

このように四ッ割からサク取りまでの処理は、コチンコチンの冷凍状態ではできませんので、その前に解凍が行われます。

解凍方法にもいろいろありますが、要はそのまぐろの品質を落さないで、色鮮やかな赤色を維持し、見るからに美味そうな姿で陳列しなければなりません。冷凍まぐろを生の状態に戻す一番簡単な方法は自然解凍です。いわば外気中に放り出しておくことです。外気温度にもよりますが、丸のまぐろで一昼夜そこそこで完全解凍されます。しかしこの場合、表面か

ら次第に解けて行き、中心が完全に解凍するまでの間に、表面の肉質変化が起きます。また解凍中に、最も変色を起こしやすいマイナス八度からマイナス三度という温度帯に長時間滞留することになり、この間内部の肉質も急激に変化していきます。

そこでこの温度帯をできるだけ早く通り抜ける必要があります。したがって急速冷凍したまぐろを元の状態に戻すには、急速解凍が必要だということです。

この急速解凍のためにいろいろの装置が開発されています。しかし金もかかれば場所も必要となってくるので、大型店か加工センターのような所しか利用されていません。中小型のスーパーでは、冷塩水と冷気による解凍が一般的です。まず冷塩水にしばらく浸け、表面が柔かくなったところで取り出し、表面の水気を十分に吸い取ってから、今度はプラス五度前後の冷蔵庫の中に入れて自然解凍します。五〜六時間で芯温がマイナス十度ぐらいになり、何とか包丁が立ってサク取りできるようになります。サク取りした後またこの冷蔵庫に戻し陳列ケースの売れ具合を見ながら小出しにパックして行きます。したがってショーケースに並べた時はまだ半解凍の状態です。陳列前に完全解凍すると、お客様が家に帰って食べる時にはとけ過ぎの状態で、角のピンと立った刺身には切りにくくなっています。さればと言ってあまり硬いまま並べると、表面に白っぽい霜が付き、鮮やかな色に発色しません。この兼合いがなかなか難しいところです。

とみえる。さすがに専門家だけあって具体的な説明である。大いに参考にさせていただき役立てたいと思うのは読者諸氏も同じ思いであろう。

なお、マグロのスジは刺身で賞味すると気になるが、煮物・焼物、あるいはフライパンに少量のオリーブ油などの油を入れて火にかけると、スジはなくなり、美味にいただくこともできるので、念のため…。

十五　マグロ・漁獲制限と輸出禁止

近年、マグロは話題にのぼることが多い。

その第一は、なんといっても「マグロの漁獲制限」に関する話題である。なにしろ、日本は、マグロの漁獲量、消費量ともに世界一である。それ故、「マグロ大国日本」などといわれ、新聞・テレビなどのマスコミュニケーションでよくとりあげられるのはご存知のとおりだ。

マグロを乱獲して、近い将来、資源が枯渇してしまっては一大事だから、マグロの漁獲制限に反対するわけにもいかず、水産庁もマグロの漁獲制限を支持せざるをえない。しかし、マグロの漁獲量（流通量）が減って、マグロの値段が高騰し、食材として、入手しにくくなるのも、こまったものである。

マグロの漁獲制限は、最高級のクロマグロだけでなく、それに次ぐミナミマグロ（インドマグロ）の乱獲も指摘され、今日では、国別に漁獲割り当てを決めている。現在、マグロ資源を管理する国際機関は主なものが五つあるが（エピローグの項参照。他に、北太平洋におけるまぐろ類およびまぐろ類似種に関する暫定的科学委員会〈ISC〉、まぐろ・かじき類常設委員会〈SCTB〉がある。）、日本漁船はこれからも、どの海域でも漁獲枠をしっかり守り、マグロ資源を大事にする前向きの姿勢を世界に示すとともに、政府も漁獲枠を超えたマグロの輸入はしないことを国際社会で強調し、「マグロ大国日本」は、資源保護の手本をみせなければならない立場にあるのだといえよう。すでに二〇〇六年には、マグロ資源を管理する国際機関の一つである「みなみまぐろ保存委員会」（ＣＣＳＢＴ）は、これまでの漁獲枠の二〇パーセント削減を決定してきた。

また、二〇〇八年十一月、「大西洋まぐろ類保存国際委員会」（ＩＣＣＡＴ）は、世界のクロマグロの六割ほどを供給する東大西洋・地中海で、漁獲枠を三年で三〇パーセント削減することで合意した。

こうした、マグロの漁獲制限は、メバチマグロやキハダマグロにもおよんでおり、マグロの種類全体におよびつつある。

二〇〇八年十二月には、「中西部太平洋まぐろ類委員会」（ＷＣＰＦＣ）もメバチマグロを二〇〇九年から三年間で三〇パーセント削減することを決めた経過がある。

いずれのマグロも乱獲をおさえ、資源回復を考慮する必要があるので、漁獲制限に賛成せざるをえない現実がある。

今日、主なマグロ漁獲国は、日本の他に、韓国・台湾・インドネシア・フィリピン・フランス・スペイン・イタリア・アメリカ・メキシコなどの国々だが、日本以外の他国のマグロ漁業は、マグロの大消費国である日本向けの主要な輸出商品といっても過言ではないのである。

日本は、前掲した世界各国からマグロを高値で買ってきた。これからもこの傾向はつづくであろう。しかし、そこに第二の問題が浮上してきた。その詳細については後述しよう。

今や、自然界のマグロ資源だけをあてにする時代は終ったとみなければならない。東京の築地市場では、この三年間でクロマグロの取扱量が約五〇パーセント近くも減ったといわれる。

そして、卸売価格も、これまた五〇パーセントほどあがったとか…。今後も、この傾向は、長期的に上昇する可能性があり、おさえることはできないとの見方が強い。

「畜養」と「養殖」をもっとさかんにして、天然モノにくらべ、味もよく、割安で、安定供給できる道を一日もはやく確立することが大切だろう。ただ、畜養の場合は、若いマグロを漁獲することにかわりはないから、マグロ資源保護の根本的な解決にはつながらない。

第二の問題は、二〇一〇年三月にカタールの首都ドーバでおこなわれた、ワシントン条約締約国会議の第一委員会で、モナコが提案し、欧州連合（ＥＵ）が修正案を出した「大西洋・地中海クロマグロの国際取引を禁止する提案」が、反対多数で否決されたことである。

もとよりこの提案は、「大西洋まぐろ類保存国際委員会」において、モナコが「大西洋や地中海におけるクロマグロの国際取引を禁止しよう」と提案したもので、当国が「猶予期間もなく輸出を禁止」としたのに対して、欧州連合（ＥＵ）は、二〇一一年五月までの「猶予期間をおく」とする修正案をだしたのであった。

しかし、結果として、マグロに関する国際的なルールづくりは、先進国と途上国とのおりあいがつかなかった。

モナコがクロマグロの輸出に関する提案をしたのに対して、モロッコやセネガルなどの代表から、「我々の国の生活は魚に依存している」し、「貿易を縛るのは不公平だ」という意見が出された。以上のように、大西洋・地中海クロマグロの国際取引を禁止することで保護しようとするモナコや欧州連合（ＥＵ）の提案は、二〇一〇年三月一八日に、ドーハでのワシントン条約締約国会議の委員会で否決された。

この日、大西洋クロマグロの禁輸に反対したのは、日本をはじめ、カナダ・インドネシア・チュニジア・アラブ首長国連邦・ベネズエラ・チリ・グレナダ・韓国・セネガル・トルコ・モロッコ・ナミビア・リビアの一四ケ国であった。

また、モナコ提案の「猶予期間なく禁輸」に賛成したのはモナコだけ。欧州連合（ＥＵ）は、来年五月まで猶予期間をもうけることで「修正案つき」賛成。

アメリカ・ケニア・ノールウェーは禁輸を支持しながらもモナコ提案、欧州連合の修正案のどちらかは明らかではないが賛成した。

今後とも自然保護・環境問題を優先すべきか、社会的・経済活動を優先すべきかなどの問題や食文化の伝統尊重の是非など、当分はつづくであろう。

エピローグ

世界広しといえども、日本人ほどマグロが好きで、しかも、それを刺身で食べるのが大好きだという国民はいないであろう。

マグロはもとより、魚貝藻類の生食は米を主食とし、醤油（塩）をはじめとする調味料や山葵、生姜などの嗜好品、それにあわせて刺身（活造り）に添える野菜や海藻など四季折々の各種の妻が日本人の美意識と結びつき、この方面の魚食文化を育てあげてきたといってよい。

鮨（寿司）屋でも、マグロのトロや赤身、ネギロト巻きなどのマグロ系は注文が多く、約三〇パーセントの客がマグロに集中しているという。特に、「江戸前」の看板や暖簾を掲げる店ではマグロのネタ（種）がなければはじまらないし、最近では、マグロだけの鮨種しか置かないマグロ専門の店すらあると聞く。

海外にも鮨屋はあるが、客の注文はサケの方に人気が集まり、マグロの占める割合は約一〇パーセントにとどまるといわれる。筆者も、海のないスイスのツェルマットで後学のためにと思い、わざわざ鮨屋にはいってみたが、メインはサーモンで、マグロはなかった。それが普通らしい。やはり、日本人のマグロ好きは特別なのかもしれない。

ことわっておくが、筆者は「後学のために」スイスで鮨屋に入ったのであるから、まちがっても、「スイスで鮨屋に入った阿房がいる…」などと、吹聴しないでいただきたい。

ところで、このように日本人の好きなマグロ資源に対して、近年、国際的な漁獲制限が次々に打ち出されている。こうしないと、マグロ資源は無限にあるわけではないので、いつかは枯渇するであろうことは、以前から指摘されてはいたが、いざ、現実問題となると深刻な事態である。

現在、世界にはマグロ資源を管理する主な国際漁業管理機関が、

（1）「みなみまぐろ保存委員会」（ＣＣＳＢＴ）

（2）「大西洋まぐろ類保存国際委員会」（ＩＣＣＡＴ）

（3）「中西部太平洋まぐろ類委員会」（ＷＣＰＦＣ）

（4）「全米熱帯まぐろ類委員会」（ＩＡＴＴＣ）

（5）「インド洋まぐろ類委員会」（ＩＯＴＣ）

の五つある。それぞれ会議を開催し、マグロに関する、さまざまな話しあいや、とりきめをおこなっている。二〇〇六年には「みなみまぐろ保存委員会」が開催した会議で（前項参照）ミナミマグロの漁獲枠を、それまでの二〇パーセント減にすることを決めた。この会議の中で、日本は前年までの約六〇〇〇トンの漁獲量に対して、三〇〇〇トンと半減させられたのである。「ミナミマグロ」は別名「インドマグロ」と呼ばれ、トロの多い高級品で、主に刺身として人気が高いため、わが国にとっては痛手となったが、資源保護のためとあれば、しかたがない。

そして、二〇〇八年には、「大西洋まぐろ類保存国際委員会」が、世界のクロマグロの六〇パーセントを供給してきたといわれる東大西洋や地中海における漁獲枠を、三年で三〇パーセント削減することで合意したことも上述の通りである。。

マグロ類（マグロの戸籍調べ・マグロの身上書の項参照）の資源減少は、ミナミマグロ（インドマグロ）やクロマグロ（本マグロ）などの高級マグロだけにとどまらない。すべてのマグロ類が乱獲によって減少していることが指摘されている。

このところ、比較的安価なメバチマグロやキハダマグロも資源の減少が議題の中心になっている。こうしたことをうけて「中西部太平洋まぐろ類委員会」は二〇〇八年に、メバチマグロの漁獲を二〇〇九年から三年間で三〇パーセント削減することを決めた。

資源回復に賛成するからには、同意するしかないというのが日本の立場であるが、輸出用のマグロの缶詰を多く生産してきた経過からすると、これらのマグロ類の漁獲制限もかなり深刻であることはたしかだ。

このように、国際的にマグロの漁獲枠削減が決まり、国際機関が相次いで、それを打ち出す現状にあっては、今後は天然マグロ類だけにたより、あてにできない。マグロ類も「蓄養殖」にもっと力を入れる必要を痛感する。

わが国でも、このところ年を追うごとにマグロに関する完全養殖の研究が進み、蓄養や養殖の事業化も活発になりつつある。資源保護で、世界的に漁獲枠が制限される中でマグロの安定供給

船上からみた浦神港の近畿大学水産研究所

を続けるには、こうした方法しかないとして、多くの大手企業が参入しはじめている。

また、文部科学省もこの方面の基盤研究を支援する体制をととのえ、近畿大学二一世紀COEプログラムにおける「クロマグロ等の魚類養殖産業支援研究拠点」の研究成果に期待をよせている。

こうした時代の潮流の中で、長崎県は二〇〇八年に「マグロ養殖振興プラン」を発表した。しかし現在の段階では、まだ、養殖といっても蓄養（天然の幼魚をイケスに入れて、数年かけて育てて出荷する方法）でしかない。

長崎県対馬市美津島町（尾崎地区）のように、クロマグロ（本マグロ）の幼魚であるメジ（マグロ）ともよばれるヨコワが対馬暖流に乗って南西方面から来るところでは幼魚を入手しやすい利点があるうえ、リアス式海岸の浅茅湾一帯は波静かで水温・水質にも恵まれているため、直径約二〇メートル（深さもほぼ同じ）を管理する条件は良好だというが、どこの地域（海域）でも同じことが可能だというわけにはいかない。

だが、マグロの養殖も今後は期待できるのではないかと思われる。

近畿大学では昭和四十五年（一九七〇）頃から和歌山県東牟婁郡串本町にある同大学の水産研究所大島実験場で、近くの沿岸に設置されている小型定置網に入るヨコワを蓄養することに務めてきた。そして、その延長線上に「マグロの完全養殖」と「企業化」への夢があった。

その中心になった研究者が熊井英水教授だということを浦神にある和歌山東漁業協同組合の浦神支所の理事である青山登さんから伺った。

そして、クロマグロの「完全養殖」は三二年たって結実し、夢は叶えられた。ようするに天然のヨコワを蓄養して親魚に育て、受精卵をとり出し、人工ふ化仔魚を飼育し、稚魚・幼魚から親魚に育てるまでを人工的におこなうことに成功したのである。養殖の生簀は直径約三〇メートル深さは約一〇メートル。餌はイワシ・イカナゴ・マサバ・サンマなどだという。

串本漁業協同組合の理事をしておられる寺本正勝さんに案内していただいて伺った近畿大学水産研究所浦神実験場には同大学の水産養殖種苗センターも併設されている。

ところで、現在は橋で結ばれた串本の大島だが、橋の上から遠望すると、数多くの養殖場が広がって見える。ハマチ、タイの養殖生簀である。大島側には大企業がマグロの本格的な養殖場を計画しており、地元の漁業協同組合と交渉中だとも伺った。近い将来、実現することはまちがい

浦上湾内の養殖生簀

イケスを点検する青山登さん（右）と寺本正勝さん（左）

ないであろう。

「大島」は「串本節」の唄で知られているので説明の必要はないにしても、本州最南端の潮ノ岬に近い「浦神」といっても知る人は少ない。名古屋からの特急「南紀」は紀伊勝浦が終点だがそこから各駅停車に乗り換えて串本へ行く手前の車窓には美しいリアス式海岸の景色が展開する。その入江の奥深い場所の一つに浦神駅があり、近畿大学の水産養殖種苗センターの施設の一部は車窓からも近くに見える。

本著『マグロの文化誌』を上梓するにあたり、最後の取材・調査旅行で、この近畿大学水産研究所がある和歌山東漁業協同組の浦神支所にお邪魔し、理事の青山登さんから、タイをはじめ各種の養殖漁場の生簀を船で案内していただいた。その時の感想として、今後、マグロに関する食文化はもとより、魚食文化も大きく変わっていくであろうと思った。

特に、今後は大手業者が、この業界に相次いで参入するであろうし、また、そうすることによって、天然資源にのみたよってきた日本のマグロ業界の考え方も、消費者のマグロに対する意識も変わり、新しい、マグロと生産者、マグロと消費者の関係が生まれ、育つことが期待できると思われた。

引用・参考文献

秋本吉郎校注『風土記』（『出雲国風土記』）日本古典文学大系（2）岩波書店　一九五八年
伊藤純郎『三浜漁民生活誌―大洗地方の近代史―』崙書房（千葉県流山市）一九九〇年
岩井保・中村泉・松原喜代松「マグロ類の分類学的研究」京都大学みさき臨海研究所特別報告第二集　一九六五年
内海延吉『三崎町史』上巻　明治大正編（1）三崎町史編集委員会　一九五七年
内海延吉『海鳥のなげき』いさな書房（東京）一九六〇年
内海延吉編『鮪漁業の六十年―奥津政五郎の航跡―』奥津水産株式会社　非売品　一九六四年
鹿児島県企画部統計課『鹿児島県の漁業』（二〇〇三年漁業センサス）鹿児島県　二〇〇四年
神奈川県『吾等が神奈川』神奈川県　一九二八年
神奈川県教育委員会『東京外湾漁撈習俗調査報告書』神奈川県教育委員会　一九六九年
（注）「東京内湾」と「東京外湾」については、明治二十四年十二月九日に「東京内湾漁業組合規約」が制定されたが、その際、その第一条に「神奈川県相模国三浦郡千駄崎（現在の横須賀市久里浜・東京電力横須賀火力発電所の所在地）ヨリ、千葉県上総国天羽郡竹ヶ岡

村大字荻生（君津市天羽町萩生）二相対スル以北ノ内、漁業者ヲ以テ組織シ、其名称ヲ東京内湾漁業組合トス」と定めており、便宜的であるが、以前からの旧慣もあって、それ故、神奈川県教育委員会は漁撈習俗調査を実施するにあたり、この規定（規約）を尊重し、それにならっているが、昭和四十二年度（一九六七）に行った「東京内湾漁撈習俗調査」との区別上、横須賀市鴨居・観音崎を境界として、「内湾」と「外湾」を分け、調査名とした。したがって、昭和四十四年度（一九六九）におこなわれた『東京外湾漁撈習俗調査報告書』には、横須賀市鴨居と三浦市南下浦町金田に関する調査結果が報告されている。
神奈川県教育委員会『相模湾漁撈習俗調査報告書』神奈川県教育委員会　一九七〇年
神野善治「漁村の絵馬ノート（静岡県東部を中心に）」「絵馬にみる日本常民生活史の研究」『科研費研究報告書』岩井宏實編　一九八四年
川名　登『河岸』（ものと人間の文化史一三九）法政大学出版局　二〇〇七年
楠本政助『矢本町史』第一巻先史　矢本町　一九七三年
倉橋柏山『趣味でつくる男の料理』新門出版（東京）一九八五年
倉橋柏山『春夏秋冬・味なさかな料理』神奈川県新聞社（かなしん出版）一九八九年
倉野憲司・武田祐吉校注『古事記』日本古典文学大系（1）岩波書店　一九五八年
小山亀蔵『和船の海』唐桑民友新聞社（宮城県）一九七三年
コーリンM・クレーイ『アルカイック期および古典期のギリシア貨幣』ロンドン一九七六年

斉藤昭二『マグロの遊泳層と延縄漁法』成山堂書店　一九九二年
桜田勝徳『海の宗教』（自然と人間シリーズⅡ）淡交社　一九七〇年
桜田勝徳『海の世界（海と日本人）』通巻一二四号　一九六五年
静岡縣漁業組合取締所編『静岡縣水産誌』静岡縣漁業組合取締所発行　一八九四年
澁澤敬三『日本釣漁技術史小考』角川書店　一九六二年
水産新潮社『かつお・まぐろ年鑑』一九七三年版
清光照夫『漁業の歴史』（日本歴史新書）至文堂（東京）一九五七年
塩野米松『にっぽんの漁師』新潮社　二〇〇一年
田口一夫『黒マグロはローマ人のグルメ』成山堂書店　二〇〇四年
田仲のよ『磯笛のむらから―房総海女のくらしの民俗誌―』現代書館（東京）一九八五年
田辺　悟『城ヶ島漁撈習俗調査報告書』三浦市教育委員会　一九七一年
田辺　悟「紺碧の海の漁師たち―外房州のくらし―」『文学の旅（4）』関東（1）監修・井上靖（他）千趣会刊（大阪）一九七三年
田辺　悟「漁船の総合的研究（後）―三浦半島における民俗資料としての漁船を中心に―」『横須賀市博物館研究報告』（人文科学）第一八号　横須賀市博物館　一九七五年
田辺　悟『相州の鰹漁』神奈川県民俗シリーズ（一二）神奈川県教育委員会　一九七五年
田辺　悟「相州の鮪漁と習俗（前）」『横須賀市博物館研究報告』（人文科学）三五　横須賀市人文

博物館　一九九〇年
田辺　悟「相州の鮪漁と習俗（後）」『横須賀市博物館研究報告』（人文科学）三六　横須賀市人文博物館　一九九一年
田辺　悟「釣鈎の地域差研究―民具研究の一方法として―」『海と民具』日本民具学会編　雄山閣　一九八七年
田辺　悟『海浜生活の歴史と民俗』考古民俗叢書　慶友社　二〇〇五年
田山準一『いさば―マグロに憑かれた男たち―』主婦の友社　一九八七年
田山準一『サシミまぐろ』日本セルフサービス協会　一九七九年
田山準一『マグロの話』共立出版　一九八一年
田山準一『続・マグロの話』共立出版　一九八二年
太平洋学会編『太平洋諸島百科事典』原書房　一九八九年
竹田　旦《あきら》『離島の民俗』民俗民芸双書　岩崎美術社　一九六八年
茅ヶ崎市文化資料館『柳島生活誌』史料叢書（五）　茅ヶ崎市教育委員会　一九七九年
辻井善弥『三浦半島の生活史』横須賀書籍出版有限会社　一九七五年
土屋秀四郎『伊勢吉漁師聞書（鎌倉腰越の民俗）』神奈川県民俗シリーズ（一）　神奈川県教育委員会　一九六一年
東京水産大学第七回公開講座編集委員会編『マグロ―その生産から消費まで―』成山堂書店

一九八九年
豊橋市二川本陣資料館「東海道五十三次宿場展（Ⅸ）―二川・吉田―」同資料館　二〇〇一年
中村泉・岩井保・松原喜代松「カジキ類の分類学的研究」京都大学みさき臨海研究所特別報告第四集　一九六八年
中田四朗「奈屋浦における鮪大漁記録から」『海と人間』（1）（海の博物館年報）鳥羽市　一九七三年
日本かつお・まぐろ漁業信用基金協会創立三十周年記念誌『かつお・まぐろ漁業の発展と金融・保証』一九八五年
日本学士院編『明治前期　日本漁業技術史』日本学術振興会　一九五九年
マグロ缶詰史編集委員会『まぐろ缶詰史』日本鮪缶詰輸出入水産組合　一九八二年
農商務省水産局『日本水産捕採誌』水産社　一九一二年
平石国男・二橋瑛夫『世界コイン図鑑』日本専門図書出版㈱　二〇〇二年
平塚市博物館『平塚市須賀の民俗』平塚市博物館資料（一七）平塚市博物館　一九七九年
福田八郎『相模湾民俗史』漁民生活（二）（謄写印刷）一九八六年
増田正一『かつお・まぐろ総覧』一九六三年
松岡静雄『ミクロネシア民族誌』岩波書店　一九四三年
間宮美智子『江の島民俗調査報告書』民俗文化（六）　藤沢市教育文化研究所　一九七〇年

三崎水産物協同組合企画委員会編『三崎水産物協同組合沿革史』（沿革）　三崎魚類株式会社
　三崎水産物協同組合　一九五九年
三井文庫編『近世後期における主要物価の動態』東京大学出版会　一九八九年
宮崎一老『漁業ものがたり―海につながる生活―』法政大学出版局　一九五八年
宮城雄太郎『日本漁民伝』（全三巻）　いさな書房　一九六四年
矢野憲一『魚の民俗』雄山閣　一九八一年
山本光正「近世房総の街道」『街道の日本史』（19）　川名登編　吉川弘文館　二〇〇三年
渡辺栄一『江戸前の魚』草思社（東京）　一九八四年
木村市明『三崎志』宝暦六年（一七五六）『三崎郷土史考』（一九八七年）所収
源順撰『倭名類聚鈔』巻第十九　国立国会図書館蔵（中田祝夫編『倭名類聚抄』元和三年古活字
　版　勉誠社文庫（23）勉誠社（東京）一九七八年）
『日本山海名産図会』　巻之三　千葉徳爾註解　社会思想社　一九七〇年
山崎美成（北峰）編『江戸名所図絵』『江戸名所図会』一光斉画　弘化二年編集序　弘化三年刊
　版元　漆山又四郎
暁鐘成作『西国三十三所名所図会』八巻十冊「日本名勝風俗図会」（18）諸国の巻Ⅲ　角川書店
　一九八〇年（『西国名所図会』一八四八年）
高市志友『紀伊国名所図会』文化九年（一八一二）

喜多川守貞『守貞謾稿』嘉永六年（一八五三）（『江戸風俗志』『近世風俗志』とも幸田成友　寛政—天保）
武井周作（櫟涯）『魚鑑』全二冊（東都呑海楼蔵板　天保辛卯新刊（天保二年）一八三一年
『魚鑑』平野満解説　生活の古典双書　一八　八坂書房（東京）一九七八年
武田祐吉約註『古事記』角川文庫　一九五六年
中村惕斎編『訓蒙図彙』山形屋刊　寛文六年（一六六六）
中村惕斎編『訓蒙図彙大成』（十冊）下河辺拾水画　寛政元年（一七八九）
二宮町『二宮町の漁業のあらまし』（発行年なし・不詳）

マグロに関する本

さすが『マグロ王国の日本』だけあって、マグロに関する出版物の数も多い。そのうちでも読者諸氏にとって比較的入手しやすい著書を以下に掲げる。論文や外国の文献もはずし、ごく一般的なものだけにとどめることにした。また、小説などの分野のものもはずした。

上田武司著『魚河岸マグロ経済学』集英社新書　二〇〇三年
魚住雄二著『マグロは絶滅危惧種か』成山堂書店（東京）二〇〇三年
海老沢志朗著『かつお・まぐろと日本人』　成山堂書店（東京）一九九六年

大森　徹『まぐろと共に四半世紀』成山堂書店　一九八八年
大森　徹『マグロ随談』成山堂書店　一九九三年
東京水産大学第七回公開講座編集委員会編『マグロ―その生産から消費まで―』成山堂書店（東京）一九八九年
小野征一郎編『マグロのフードシステム』農林統計協会　二〇〇六年
軍司貞則著『空飛ぶマグロ―海のダイヤを追え―』講談社　一九九一年
小松正之・遠藤　久共著『国際マグロ裁判』岩波新書　二〇〇二年
斉藤健次著『俺たちのマグロ』小学館　二〇〇五年
静岡新聞社編『ルポ　マグロを追う』静岡新聞社　二〇〇〇年
宝井善次郎著『鮪屋繁盛記―江戸から続く魚河岸家業―』主婦の友社　一九九一年
田山準一著『マグロの話―漁場から食卓まで―』共立出版　一九八一年
田山準一著『三崎マグロ風土記―みなとまち五十年―』アーツアンドクラフツ　一九九九年
中村秀樹・岡　雅一共著『マグロのふしぎがわかる本』築地書館　二〇一〇年
堀　武昭著『マグロと日本人』日本放送出版協会　一九九二年
堀　武昭著『サシミ文化が世界を動かす』新潮選書　二〇〇一年
堀　武昭著『世界マグロ摩擦』新潮文庫　二〇〇三年
マグロ缶詰史編集委員会『マグロ缶詰史』日本鮪缶詰輸出入水産業組合　一九八二年

あとがき

学生のころ、ヘンリー・デーヴィッド・ソーローの『ウォールデン―森の生活』を読み、自分は将来、湖水のほとりの暮らしではなく、「海辺」で生活してみたいと思ったことがある。

だが、ソーローのように「簡素な生活や高い想いを持つこと」はよしとしても、自分には「隠《いん》淪《りん》な暮らし方」はできそうにないとも思った。それに、ソーローは一人で生活したが、私のばあいは家族で一緒に暮らすことが理想のように思えた。

「シンプル・イズ・ベスト」を標榜して暮らし、読書をしたり散歩や思索に時間をかけ、心身ともに健康的であることに努め、自分の好きな海浜生活にかかわる本を書いてみたい。その結果、副産物として、良書を世におくりつつ生きられたら最高だとも思った。

そのささやかな想いが成就したのは昭和五十四年四月十四日になってのことである。

その日、日頃敬愛している先輩、賢友、悪友達が新築祝いと称して「渚の小さな白い家」に集まってくれた。

その席で、誰いうともなく、旧知の仲間達が三浦半島を「ピッカピカ」にしようとか、三浦市に世界初の「マグロの博物館」をオープンさせようというような話題がでた。

当時、マグロの水揚げが日本一であった神奈川県三浦三崎に「マグロの博物館」を建設しようという計画を真剣に考えていた男たちがいたのである。

おりしもそれは昭和五十三年五月から、五十五年三月までつづけられた「三浦市文化施設懇話会」の会合のさなかの話題でもあった。

その後、「マグロの博物館」の建設計画は上述の「懇話会」(市長の諮問機関)として継続されたが、わが国をとりまく経済的、社会的な情勢は大きく変わり、経済成長もみこまれない状況になってしまった。

変わったのは、そればかりでなく、当時の自然や環境も同じであった。

かつて、わが国をとりまく海は文字通り「豊饒の海」で、これほど食材に恵まれた国は世界に類例をみないといわれてきた。このことは、筆者自身も世界の国々をめぐり、実見してきたし、旅先で体得してきた結果でも、いえることである。

だが、残念ながら、情勢の変化にともない、三崎での「マグロの博物館」誕生は、今日までのところ実現していない。

このようなことを、『海浜生活の歴史と民俗』の編集中に、慶友社の伊藤ゆり常務取締役に話したところ、「マグロの博物館の建物がたたないのなら、マグロの博物館を書籍(紙上)でたちあげましょう」と、嬉しいすすめをいただいた。本書、誕生のきっかけであった。

拙著の刊行にあたり、三浦市の皆様をはじめ、大勢の方々に取材などでご協力をたまわった。特に畠山啓次、米田光郷、鈴木金太郎、寺本正勝、青山登、竹田旦《あきら》、森田常夫、長尾浩之(照泉寺）、及川竹男、星野英夫、倉橋柏山、小滝敏之、川名登、石原正宣、林靖範、川上真理、堤俊夫、河野えり子、茅原浩子、藤井香代子、貝瀬利一（故）の各氏、また、出版にあたり慶友社の伊藤信一社長、伊藤ゆり常務取締役、同編集部原木加都子の各氏には大変お世話をいただいた。あらためてお礼を申しあげるしだいである。

筆者は今年（平成二十二年）、満七十四歳を迎えた。水戸の光圀公（黄門・一六二八年―一七〇〇年）よりも、年齢だけは、さらにかさねたことになる。

御老公は六十四歳を過ぎた隠居後、「西山荘」と名づけた庵で、「梅里」「西山隠士」などを号とし、山里暮らしを楽しんだという。

これからは私も、御老公が儒学を奨励し、『大日本史』の撰に尽力されたことを顕彰しつつご老公にあやかり、号を「出潮」とし、自からつけた「東海荘」という「渚の小さな白い家」で、民俗文化財の保護・活用に努め、磯の香りや日毎夜毎に移り変る潮汐に身をゆだねながら「海辺」で超然と暮らしたいと思っている。

平成二十二年五月二十八日

「東海荘」にて
田　辺　　悟

著者略歴
田辺　悟（たなべ　さとる）
一九三六年、横須賀市生まれ
法政大学社会学部卒業
横須賀市自然博物館・人文博物館館長、千葉経済大学教授を経て、現在千葉経済大学客員教授・文学博士・柳田國男賞受賞・旭日小綬章受章
〔主要著書〕
『近世日本蜑人伝統の研究』『伊豆相模の民具』『日本蜑人伝統の研究』『海女』『網』『人魚』『海浜生活の歴史と民俗』ほか

マグロの文化誌

二〇一〇年十月十三日　第一刷発行

著　者　田辺　悟
発行者　慶友社
〒一〇一—〇〇五一
東京都千代田区神田神保町二—四八
電　話〇三—三二六一—一三六一
FAX〇三—三二六一—一三六九
印刷・製本＝亜細亜印刷
装幀＝富士デザイン

ISBN978-4-87449-067-9　C1039